生命(いのち)を見つめて

学校法人ヤマザキ学園 理事長
山﨑薫

毎日新聞出版

著者近影・松濤校舎にて　2020(令和2)年

看護師

国家資格化によりますます広がる活躍の場

愛玩動物

〜人と動物の懸け橋をめざして〜

① 神泉校舎（自宅）

ヤマザキ学園 生命（いのち）の学び舎

創始者の時代

② 道玄坂校舎

③ 神泉校舎２期

④ 松濤校舎

2代目山﨑薫理事長の時代

③ 本校舎

① 富ヶ谷校舎

② 神泉校舎3期

④ グリーンフィールズ

⑥ レインボーホール

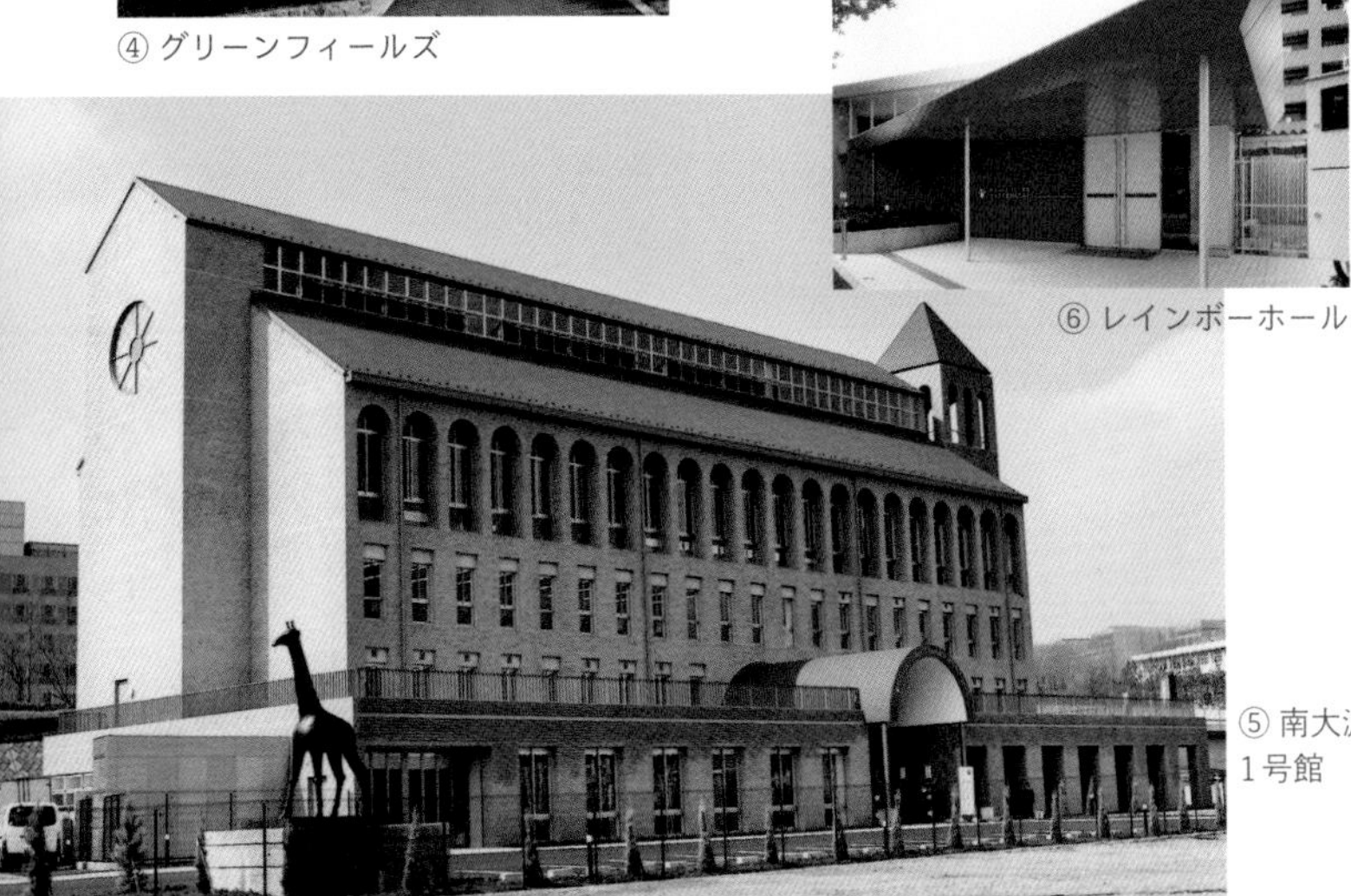

⑤ 南大沢
1号館

⑨ 南大沢グリーングラスロッジ

⑪ Ever Green Library

ヤマザキ学園 生命（いのち）の学び舎

⑦ 松濤校舎2期

右から南大沢1号館、⑧2号館、⑩ 3号館

国家資格「愛玩動物看護師」法制化記念

生命(いのち)を見つめて

本書を、国家資格化を待望していた動物看護師さん達と、愛玩動物看護師を目指すみなさま、

法制化にあたってお世話になったみなさま、

国家資格を目標にヤマザキ学園を創立した父・良壽と、

そしていつも私を見守っていてくれる母・綠に捧げます。

プロローグ

昨年、2019(令和元)年は私が理事長を務めるヤマザキ学園の創始者である父、「山崎良壽(やまざきりょうじゅ)の生誕100年」の年にあたりました。

奇しくもその年に動物の愛護及び管理に関する法律が改正されるとともに、動物看護師を国家資格とする「愛玩動物看護師法」が成立しました。

このことは、父のヤマザキ学園創立53年以来の目的が叶い、本学を継承した私には父との約束を一つ果たせたことになりました。インポッシブルドリームではなく、父と娘の夢が叶ったのです。

もちろんそこまでの道のりは順風満帆というわけにはいきませんでしたが、そのあたりは本書をお読みいただくとして……。

第二次世界大戦を体験した父は、ヒトとイヌが幸福に暮らす平和な時代が永遠に続くことを願い、どんな小さな弱い生命をも尊ぶ世界をもう一度取り戻すために、青少年の教育の道を選びました。

特に女性が職に就くことが難しかった時代に、女性のための新しい職業を考えていた父は、外国から沢山のイヌが輸入され始めた時代に必ず動物のスペシャリストという新しい職業が成り立つと確信し、本学園を創立、青年たちの教育に一生を捧げました。

確かな技術と知識、教養を身につけペットのケアや看護、しつけの出来る職業人として自立させることを目指したのです。そして１９９０（平成２）年に父の後を継いだ私は、現在までに専門学校、短期大学、４年制大学、そして２０１９（令和元）年、55年ぶりの新学校種となる専門職短期大学を開学しました。

本学園は建学の精神である「生命への畏敬」「職業人としての自立」と「生命を生きる」という学園の哲学を未来へと繋いでいくため、つねに時代が求める教育を行ってまいりました。新学校種誕生の年に愛玩動物看護師が国家資格となったことは、ヤマザキ学園の歴史の中でもとても意義のある事だと思っています。

元号が令和へと変わってからこの2年の間に起こった出来事を、私は決して忘れることはないでしょう。２０２０（令和２）年１月に日本で初の感染者が出た新型コロナウイルス（COVID-19）は、瞬く間に世界中に広がりました。

東京オリンピックの開催は翌年へ延期が発表され、政府は緊急事態宣言を発令。本学では、卒業式を簡素化し、入学式も行われないまま学校を閉鎖し、「ヤマザキ教育支援制度」を立ち上げオンライン授業を開始するため、自宅でのコンピューター環境整備のための支援金を準備する等、ＷＥＢ会議ツールを使用して自宅遠隔学習を導入したりするなどの対応に追われました。

父であり、ヤマザキ学園創始者・山﨑良壽

新たな学生生活を楽しみにしていた新入生や、卒論の準備を始める四年次生たち、本学の海外研修や短期留学に参加するためアルバイトをしてきた学生たち、彼らのことを思うと胸が痛みましたが、生命（いのち）に代わるものはありません。
思う限りの対応と支援を考え、教

職員とともに夜中まで新体制の準備をいたしました。

２０２０（令和２）年7月現在、事態の完全収束には程遠い状況ですが、１日も早く学生たちが渋谷キャンパスや南大沢キャンパスで平常通り安心して教育を受け、青春を謳歌できる日が訪れることを願うばかりです。

愛玩動物看護師としての知識と技術を身につけ、国家資格を取得した愛玩動物看護師さん達が、動物病院はもとより広く動物関連産業の分野で自立を目指す方々へ。また何よりも、動物を心から愛し、ともに生きる方々へ。

ヤマザキ学園の歴史は日本の動物看護の歴史です。本書がこの度の法制化への道のりを少しでも紹介することで、みなさまのお役に立ち、また楽しんでお読みいただくことができたら、こんなに嬉しいことはありません。


地球上のどんなにちいさな生命（いのち）も美しく　ちいさな生命（いのち）に祈りを込めて

学校法人ヤマザキ学園　理事長　山﨑 薫

国家資格「愛玩動物看護師」法制化記念

生命を見つめて

目次

第1章

新しい職業　動物看護師

第2章

「愛玩動物看護師法」成立

第3章

動物看護教育のパイオニア

第4章

イベント&メッセージ

第5章

関連資料集

◎装丁・組版　大澤陽介
◎校正　東京出版サービス

第1章

新しい職業
動物看護師

渋谷に生まれ、渋谷に育って

「人間よりも小さく弱い、すべての生命に尊敬の心を持ち、ともに生きていくこと」

これは、私が理事長を務めるヤマザキ学園の根底にある考え方、理念であり、私自身の信条ともいえるものです。私は物心ついた頃から、イヌが大好きだった父のおかげで多くのイヌたちと一緒に暮らしてきました。

お利口な子、甘えん坊な子、物静かな子、わんぱくな子、病気の子、安楽死させた子、静かに腕の中で看取った子……みなそれぞれに個性があり、たくさんの想い出がありま す。嬉しかったことや感動したことばかりではなく、心配したことや苦労したことなども、すべてが大事な記憶として今も私の心の中にあります。

動物とともに暮らすことは、私の人生にとって切り離すことができないのです。

自宅の応接間からスタートした「シブヤ・スクール・オブ・ドッグ・グルーミング」

私は渋谷に生まれ、渋谷で育ちました。

父・良壽が戦後、鍋島藩が宅地化した神泉の土地に、自宅を構えた父のもとに母・綠がそこにお嫁に来ました。その地が、のちにヤマザキ学園の最初の校舎である「シブヤ・スクール・オブ・ドッグ・グルーミング」となりました。今、かつてないスケールで変化を遂げようとしている渋谷は、私が愛する家族や動物たちと暮らし、やがて創始者である父の後を継いで学園を継承してきた大切な場所でもあります。

賑やかで若者が多いイメージがあるかもしれませんが、私にとって渋谷の街は幼い頃からの想い出がたくさんつまった「故郷」です。

たとえば、忠犬ハチ公。私の父は中学生の頃、実際のハチに会っていて、その話をよく私にしてくれました。今駅前にある銅像は、戦後に新しく建てられた2代目のものです。ハチの耳が垂れているのは、歳をとってからのハチの姿だからです。また、ハチが亡くなってから80年目にあたる２０１５（平成27）年に、東京大学農学部のキャンパス内にハチと飼い主である上野教授が時空を超えて再会している様子をあらわした銅像が建ち、私も想いを込めて寄付をさせていただきました。この像は「ヒトと動物が互いに愛情を持って共に生きていること」の象徴であるかのように思います。

道玄坂などは、昔と随分変わってしまいました。郵便局の横には小鳥屋さんがあり、よく行ったものです。そして東急百貨店の渋谷本店はヤマザキ学園と同じ年に開業していて、私にとっては幼馴染のように親しく感じている施設です。初めて母に化粧品を買ってもらった想い出もあります。

百貨店が建設される前、あの場所には小学校がありました。また、Bunkamuraのギャラリーでは個展のプロデュースを何回も致しましたし、ロビーにあるカフェは、忙しいときにお茶をいただき一息ついたり、静かにものを考えたりできる『山﨑薫の第2

オフィス』と呼ばれた居心地の良い場所です。

しかし新型コロナウイルスが猛威をふるう今、その大好きな街は一変してしまいました。おしゃれな服を着て楽しそうに行き交う人々の姿もなく、街を華やかに彩っていた美しいショーウィンドウも閉じたまま。

このことに信じられないような気持ちでおります。今年97歳になる私の母も、長い人生のなかでこのようなことは初めてだと話しています。もし、今父が生きていたら、この世界の状況について何と言うでしょうか。

ヤマザキ学園創始者である父の生誕100年にあたる2019（令和元）年。

この記念すべき年の6月21日（金）に、日本でついに動物看護師の資格が国家資格として法制化されました。

名称は「愛玩動物看護師」。これは、アジアでは初めてのことです。第一回の国家試験を2023（令和5）年に行うため、現在準備を進めています。

やっと欧米やオーストラリアに近づきました。ちなみにお隣の韓国でも、この後、法制化されるようです。国によって制度は異なりますが、ヒトと動物が共生していく流れは世界で確実に前進していることを感じます。

私がヤマザキ学園の後を継いだのは、創始者が亡くなった1990（平成2）年10月のことです。

子どもの頃からファッションやデザインに興味をもち、将来はアートの分野に進むことも考えアメリカのサンフランシスコ州立大学クリエイティブ・アート学部を卒業していた私は、学園の後を継ぐことについて随分迷いました。

帰国後、私は学園で英語の教科書を使い、非常勤講師として教壇に立っていました。イヌの品種やドッグショーの審査について原書購読の授業を受け持ち、畜犬団体であるアメリカンケネルクラブから情報を得て独自の教科書を作ったり、カリキュラムをアメリカの大学のような単位制にしたり、時には父の代理で関連団体の会に出席したりしました。学生たちを指導することへの楽しみは、確かに感じていましたが、それと学園を経営することとはまったく違う話です。

ただでさえ父の急逝に呆然自失となっていましたが、卒業式や入学式など、学園のスケジュールは待ってはくれません。

父が亡くなり、学園を継承することに、あまりに葛藤し悩む私を見て心を痛めた母は、私をハワイへと連れ出してくれました。

著者（左）と母・山﨑緑（右）

実は母は、私に仕事をさせるつもりはなく、娘時代からお茶やお華、お料理教室などに通わせていましたし、父は私に「好きなことをするように」が口ぐせでした。今は、娘が予想とずいぶん違った道を歩んでいることに「お嬢様どころか、すっかりキャリアウーマンね」と笑って話しています。

ハワイの豊かな自然のなかで静かに、母と共に真剣に考えた結果、私はいくつかの想いを胸に学園を継ぐことを決意しました。まずは何よりも、動物看護学の科学的体系をつくり、大好きだった父の夢であった大学を設立し、父が生涯かけて築いてきた動物看護の教育をここで止めてはいけないということ。

学園には、将来動物に関わる仕事に就きたいと願っている多くの青年たちに夢を与え、教育を通して平和な世界を築き、社会に貢献する人材を送り出す責任があるということ。学園の卒業生たちの活躍を待っていてくださる動物病院の方々、そこを訪れる動物たち、その飼い主のみなさんに対する責任もあります。そして、成長を始めた動物関連産業界と飼い主（消費者）と動物たちをつなぐ役割もあります。

父が抱いた動物への愛、青年たちへの愛を未来へとつないでいくためにも、学校を残していかなければと考えるに至りました。そしてその瞬間、私の背中を押したのは、父の遺してくれた「It shall be done—なせば成る」という言葉でした。

21歳で、私がアメリカに留学するとき羽田空港で父に渡された一通の手紙に書かれていたその言葉は、上杉鷹山（米沢藩9代目藩主、江戸時代屈指の名君）の言葉で、ずっ

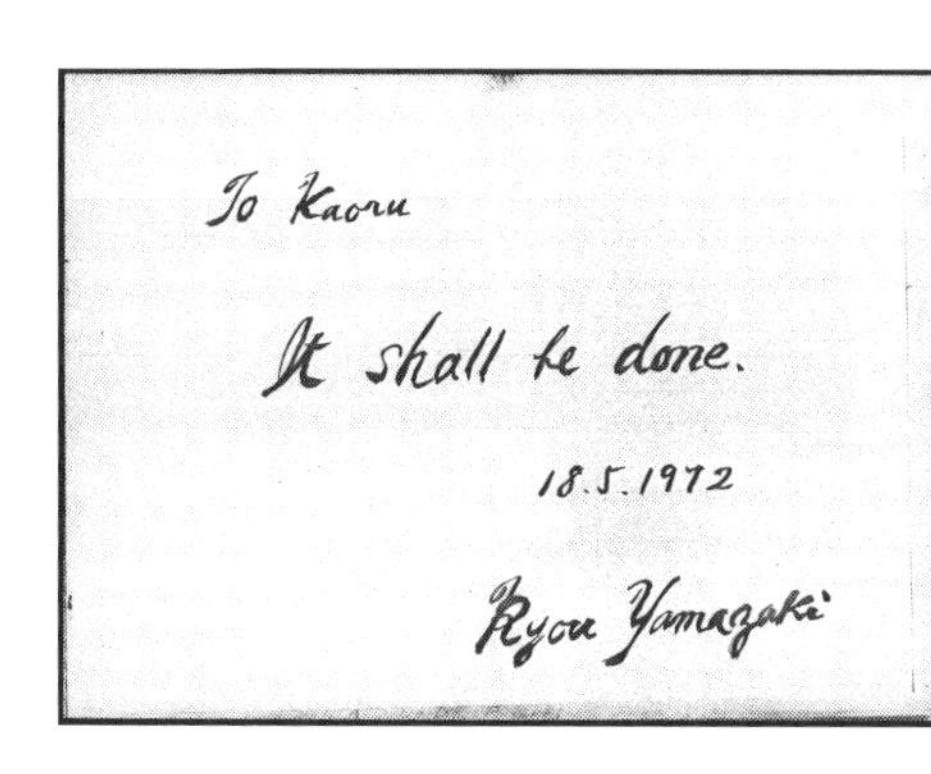
To Kaoru
It shall be done.
18.5.1972
Ryou Yamazaki

留学前に父から贈られた手紙

と私の心の支えとなり、私の生涯を通じて座右の銘となりました。
私はいつもこの言葉に勇気付けられ、チャレンジしてきました。幸いなことに、当時学園には素晴らしい先生方や私を支えてくれるスタッフが12人いました。彼らとともに、父が立ち上げた動物看護の道を歩んでいこう。父の理念をいちばん理解しているのは、ほかの誰でもない私なのだから。そのように決意をしたのです。

父は創始者として、創立時から大学の設立に対する強いビジョンを持っていました。遺された資料には、短期大学、大学設立の構想、さらに大学の壁を取り払った研究機関として、動物科学研究所のような構想が書かれ、国家資格を目指していました。

創始者の想いを叶えるために、私はまず、小澤義昭事務局長、顧問弁護士の平岩正史先生、公認会計士の先生方とプロジェクトを立ち上げ学校を法人化することから始めました。社会的に認知された学校法人として、１００年先といわず、ヒトと動物がともに生きる限り続く学校にしなければと考えたのです。

その頃の日本にはまだ、動物看護を学ぶための専門学校すら前例がなかったので、大変な道のりを歩むことになりましたけれども……。

動物看護のパイオニアである以上、前進するためには多くの壁があります。

それを乗り越えるどころか、戦いながらひとつひとつクリアしていくことが必要でした。先生方や職員、多くの方々に支えられてここまで来ることができたと、後ろを振り返り、今改めて感謝しています。

動物看護師とは？

「日本の動物看護の歴史は、ヤマザキ学園の歴史」。私は、自信を持ってそう言うことができます。

１９６７（昭和42）年に世界初のイヌのスペシャリスト養成機関を創立してから現在まで、これからの社会に必要となる動物看護師を育てるために、まっすぐに道を切り拓いてきたのがヤマザキ学園だからです。

動物看護師とは、人間の看護師さんたちと同じように病気やケガをした動物たちの看護にあたる職業です。

動物病院はもちろん、動物美容（グルーミングサロン）やペットホテル、しつけ教室など多くの場所で活躍しています。海外では「ベタリナリー・テクニシャン（ＶＴ）」

や「ベタリナリー・ナース（VN）」などとも呼ばれています。

日本では「アニマル・ヘルス・テクニシャン（AHT）」として、創始者が開学と同じ年に設立した日本動物衛生看護師協会は、現在特定非営利活動法人（NPO法人JAHTA）となり、いち早くライセンス制度を確立しました。

現在、民間の資格認定を受けて動物看護師として動物病院で働いている人は全国で3～4万人を超えるといわれており、具体的な業務の内容としては次のようなものがあります。

①　消毒
②　治療や診察に必要な器具の準備
③　診察時における患畜の保定（動物が動かないように補助すること）
④　体温や脈拍の測定等
⑤　血液や糞（ふん）便などの検体検査
⑥　手術のサポート

⑦　カルテ作成・管理

⑧　入院動物の食事管理や世話

⑨　薬の調剤

⑩　院内の衛生管理

その他、受付・会計業務や飼い主とのコミュニケーション、飼い主への在宅看護、栄養指導、飼育指導

獣医師が動物の病気やケガを診るのに対し、「動物看護師は病気やケガをした動物を看る」と私は学生たちを指導してきました。

「看」という漢字は「手」と「目」からなり、「看る」という言葉には手を触れ観察し、言葉を持たない動物たちの声を聴き、さらに、見えないものを見、聞こえない声を聴くのが動物看護師だと考えるからです。

特に50年前の獣医学の教育は大動物中心で、小動物対象の動物病院に就職・開業する

卒業生は約10％という状況でした。

そこで本学では、健康管理、グルーミング、トレーニングに加え、基礎的獣医学、検査、動物病院の管理、ビジネスマナーなど動物病院の要望にこたえカリキュラムを充実させてきたことから、早い時期に3年間の一貫教育を実現させたのです。

その頃は、獣医大学が法整備により4年制から6年制になった時期です。正しい知識を持った動物看護師なら、手術後に傷を守ったり、体温調整が必要な老犬に犬の洋服を着せることの大切さを、正しい知識をもってアドバイスできます。

また、ドッグフードだけではなく、イヌが元気なときから手作りご飯に慣れさせておけば、お腹を壊したときに出汁をいれたお粥などを食べさせることができます。

また、最期を看取るとき、悲しむ飼い主に寄り添うこともできます。

私もヨークシャーテリアを17歳で亡くしましたが、老犬の最期は、処方食など食べられないものです。お水も自分で立ち上がって飲めないときには、シリンジ（注射器に針がついていないもの）などで口の脇から入れてあげるなど、動物の最期まで寄り添うことを終生飼養といいます。

動物看護師は、生から死までのトータルケアをすることで飼い主に信頼される資質が求められます。ヤマザキ学園では創立当初からテクニシャン（技術者）のみの養成を目指したのではなく、将来職業人として自立するための「人間教育」を目指し、創始者の代から現在にまで「生命観・自然観・職業観」を備えた人材養成を行っています。

感受性のするどい青年期に、すべての学修を通して生命（いのち）の思想を育てることが本学の使命だと考えているのです。「生命（いのち）を生きる」という学園の教育理念を創始者の残した言葉とともにご紹介します。

生命への尊敬の心を持つ

「昔から人間はイヌとともに暮らしてきました。イヌとの共生は、人間だけの生活では経験できない喜びや楽しみをもたらしてくれました。このように豊かな人生は、地球上に多種多様な生命が存在することへの尊敬の心を持って初めて生まれてくるものです。私たちもまた、生態系の摂理のなかに生かされている動物たちの一員であるという原点に立つ必要があります」

動物愛護を通して自分と社会を見つめる

「共に生きる動物に関して知識を深め、正しく接する技術を身につけることが動物への正しい愛情です。この愛情を通して自分と社会を素直に見つめ、動物を愛する人々と、調和のとれた幸福な社会を建設することが大切です。ここにこそ、動物に関して学ぶ基本的意義があると信じます」

礼節や思いやりを大切にする

「すべての学修を通して、正しい人生観、社会観、自然観などの思想の育成に手をさしのべなければなりません。学問・技術の修得にとどまらず、礼節や思いやりの心を育み、ヒトとして備えるべき教養を重視しています。動物を心から理解し愛する卒業生が社会で優れた指導者となり、平和で豊かな世の中を築いていくために」

動物看護師にライセンスを

1967（昭和42）年、我が家の応接間に誕生したイヌのスペシャリストを養成する週1回の「土曜教室」は、やがて日本で初めての動物のスペシャリストを養成する専門学校となり、さらに短期大学、4年制大学、専門職短期大学の認可を経てより深く、広く学べる教育機関へと進化してきました。

先ほど「日本の動物看護の歴史は、ヤマザキ学園の歴史」と申し上げましたが、学園のあゆみは、時代が動物看護師の必要性を求め、専門的な教育を必要としてきた何よりの証拠だと私は考えています。

私が1970年代に訪れたカリフォルニアでは、ヤマザキ学園と同時期に、コミュニティカレッジなどの教育機関で動物衛生看護師＝アニマル・ヘルス・テクニシャンを養成するコースが始まっていました。

さらに創始者は、21世紀は資格の時代となることを想定していたことに加え、まだ社会で認知されていない新たな職業を開拓していく卒業生たちが社会で評価され、一人一人の卒業生がプライドを持って働くことができる教育機関とは別にライセンス制度を確立すべく1967（昭和42）年に日本動物衛生看護師協会を設立しました。学園を巣立っていく卒業生が、動物のスペシャリストとして社会的に認知され活躍することを目指したのです。

認定試験には筆記、実技に加え面接を実施。知識とテクニックのみではなく、人格を重視すべきという考えが反映された、当時としては画期的な試験でした。

NPO法人JAHTAが認定する資格は、創立以来、時代の要請に応えてバージョンアップを重ね、現在は次の6つがあります。

動物看護の民間資格のなかでは最も歴史が古く、社会的な認知度も高いものです。

【NPO法人JAHTAが認定する6つの資格】

「アニマル・ヘルス・テクニシャン（AHT：動物衛生看護師）」

動物医療における看護師の資格。病気やケガをした動物の看護にあたるための知識と技術、人と動物の公衆衛生に責任を持つ人格を有することを証明します。

「ベタリナリー・テクニシャン（VT：動物医療技術師）」
アニマル・ヘルス・テクニシャンからさらに専門性を高めた資格。動物科学や動物医学の専門知識を活かしてコンパニオンアニマル（伴侶動物）の医療・看護・健康管理・飼育やアニマルアシステッドセラピーなどに携わります（要論文提出）。

「ドッグ・グルーミング・スペシャリスト（DGS：イヌの美容師）」
イヌの美容師の資格。広く健康管理も含めた「グルーミング」の資格で「トリミング」よりも広い概念です（アメリカではグルーマーはいてもトリマーはいません）。さらにドッグショーなどのコンテストに出場するために必要なテクニック、ジャッジング能力も含めた専門知識や技術を有することを証明します。

「キャット・グルーミング・スペシャリスト（CGS：ネコの美容師）」

ネコの美容師の資格。ネコの美容に関する知識、日常の健康管理や飼育管理、ネコの種類ごとの特徴を知った上でのグルーミング、さらにキャットショーに出陳するための専門的な知識と技能を有することを証明します。


「コンパニオン・ドッグ・トレーナー（CDT：家庭犬のしつけ訓練士）」

イヌがヒトと共生していくために、必要な家庭犬としてのしつけとマナーを教えるトレーナーの資格です。飼い主に対してもイヌのしつけ方法を指導できるのが特色で、そのために必要な知識と技能を有することを証明します。


「ケーナイン・リハビリテーション・セラピスト（CRT：イヌの理学療法士）」

イヌのリハビリテーションの基礎的資格。イヌの骨格、筋肉、神経、関節の特徴を知り、イヌの健康改善を目的としたリハビリテーションの基礎的な知識や技術を有することを証明します。

JAHTAは最も歴史があり社会的にも評価されていましたが、そのほかにも民間の動物看護師認定団体は時代を追うごとに少しずつ増えていきました。

そしてそれぞれが独自の基準で認定していたため、その知識や技術レベルが必ずしも一定ではないことは長年課題として取り上げられていました。

そこで2012（平成24）年、動物看護師の資格認定5団体（一般社団法人日本小動物獣医師会、公益社団法人日本動物病院協会、日本動物看護学会、全日本獣医師協同組合、特定非営利活動法人日本動物衛生看護師協会）で構成する「動物看護職統一試験協議会」が協力して全国統一試験を実施することとなりました。

ヤマザキ学園の学生たちは、特定非営利活動法人 日本動物衛生看護師協会の資格取得のほか、在学中から複数のライセンス取得を目指し、学びます。動物医療の現場では、「獣医師の助手」という補助的な役割だけでなく、特色ある資格を有していることから動物看護師としての職域が広がり、飼い主さんとの信頼につながります。獣医師が獣医大学で修学していないイヌやネコのグルーミング、トレーニング、イヌのリハビリテーション等の技術を備えていることが多くの求人につながりました。

その結果、創立以来、ヤマザキ学園の卒業生たちの就職率は一貫して高く、大学、専門学校において毎年１００％に近い数字を誇っています。

ヤマザキ学園の卒業生が大勢お世話になっている「家庭動物診療施設 獣徳会」という動物病院が愛知県にあります。３年制教育の第一期生の塩屋明美（しおやあけみ）さんを獣医大学卒業生と同じお給料で採用していただいて以来、30年以上にわたり、本学の卒業生を大勢採用していただいています。

獣徳会会長の原大二郎（はらだいじろう）先生は、以前から動物病院の獣医師に対して、動物看護師の数が足りないと主張されていました。チーム動物医療の重要性を唱え、さらに動物看護師の公的資格化にご協力いただきました。

JAHTAの活動は、資格認定だけにとどまりません。卒業生を支援するためにアメリカ・オーストラリアなど海外で動物看護に関わる組織とネットワークをつくり、最新の動物医療や看護の情報などを紹介したり、国際学会やセミナー、研究会などを実施したりしています。

セミナーは、国内外の動物に関わる分野で活躍する人物を講師にお招きして、

1970（昭和45）年より開催されています。

記念すべき第1回の講師は動物愛護協会や本学の理事を務められた、動物作家として「高安犬物語」、「オーロラの下で」を執筆された戸川幸夫先生でした。

戸川氏の考え方を創始者は尊敬しており、学生たちに話を聞かせたいという一心で戸川氏のご自宅を直接訪ね、依頼をしたそうです。

講演で話されたテーマは「日本犬を保存した人　斎藤弘吉」。日本犬に魅せられ、たくさんの犬を飼ってこられた戸川先生が一頭一頭への想いやエピソードを語られた、興味深く心温まるセミナーでした。

この講演以来、先生は毎年3回ずつヤマザキ学園でのセミナーを続けてくださいました。1997（平成9）年からは海外から先進技術の第一人者をお招きする「国際セミナー」も始まりました。

第1回は、アメリカ動物歯科衛生看護師協会会長を務め、カリフォルニア州動物看護職協会の重鎮、キャロル・B・シューメイカー先生に登壇いただいています。

動物歯科をテーマに、犬の歯の模型を使い、スケーリングの実習まで指導してくださ

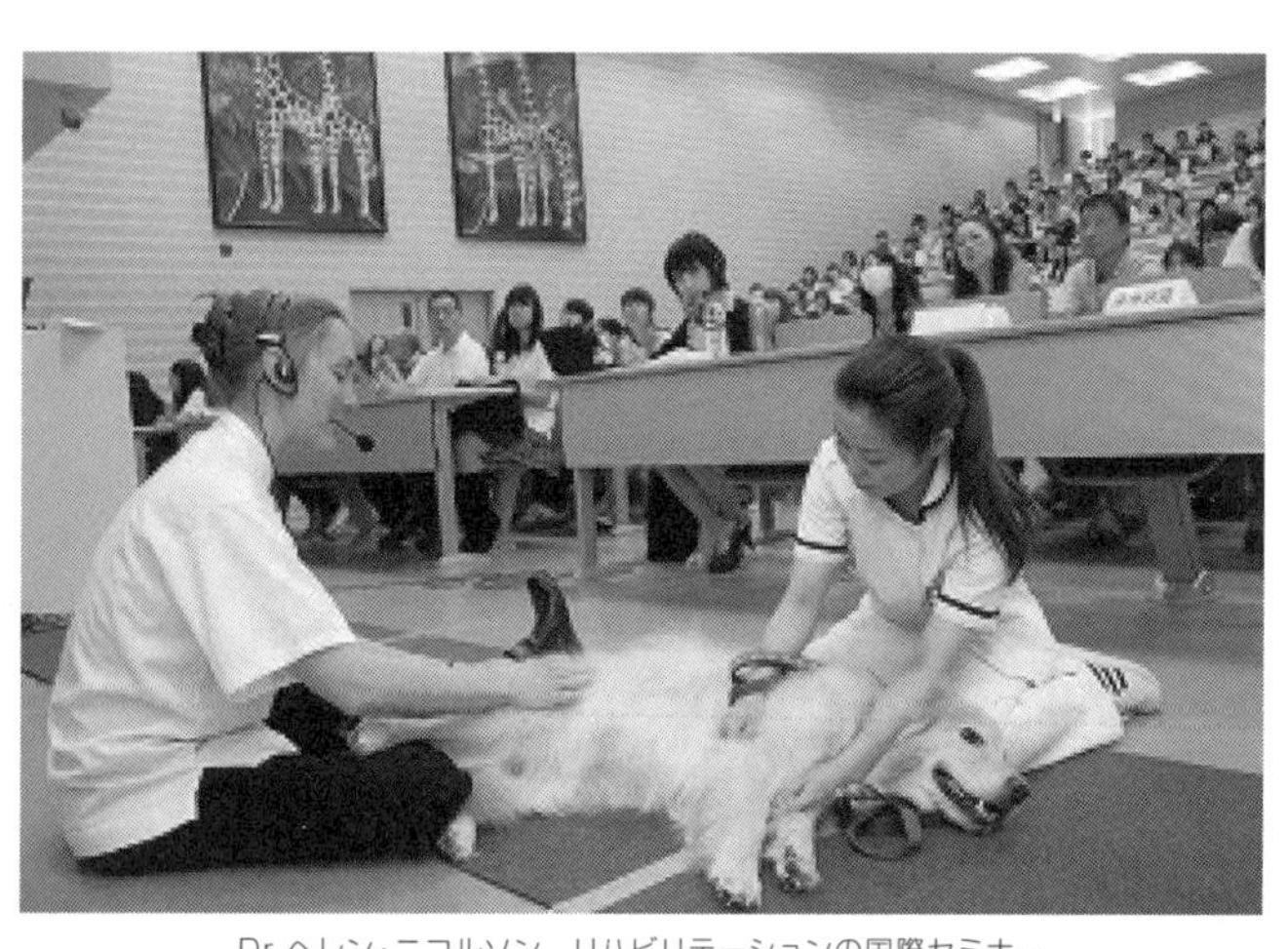

Dr.ヘレン・ニコルソン　リハビリテーションの国際セミナー

いました。また、彼女は２０１７（平成29）年に南大沢の大学キャンパスにて開催され、私が大会長を務めた日本動物看護学会第26回大会での講演の際、校舎に飾られた多くの絵画やオブジェのアート作品に驚き、目を輝かせて感動されていました。

学生がのびのびと考え、多角的にものを見る目を養う教育環境だと感じたそうです。帰国後、彼女はペニンシュラ動物病院を経営する傍ら、新しく動物アートギャラリーもオープンされました。

国際セミナーは、時代のニーズに合わせ講演内容を充実させてきました。２００６（平成18）年には、オーストラリアで動物理学療法センター「Animal Physiotherapy Services」を設立し、世界中で活躍される動物理学療法士のヘレン・ニコルソン博士を講師に迎え、「動物のリハビリテーションと理学療法」の講演を行いました。

JAHTAが実施するセミナーや学会、研究会などは、ヤマザキ学園での重要な卒後教育の場ともなっています。

ヤマザキ学園は「卒業したら終わり」ではなく、JAHTAの活動を通じて継続的に学習する場の提供を受けられる体制を整えています。

セミナーには、学園の卒業生でなくとも参加することができます。ヒトと動物が共に生きる社会のために、正しい知識を持つ人をひとりでも多く養成することが学園の使命だと考えているからです。豊かな人間性や課題探求能力、社会人としての基礎力、動物および人とのコミュニケーション能力などを育成すると共に、時代に即したトピックスを学び身に付けることをねらいとしています。

国家資格化の背景にあったこと

農林水産省の統計によると、現在小動物を診療する施設（動物病院）は全国で1万2千を超えています。

診療体制も多様化・高度化し、獣医師のパートナーとして動物医療を担う動物看護職の存在意義はますます大きくなっています。

このような社会的背景が動物看護師の国家資格化を目指す理由のひとつになっています。

それでは「国家資格になる」というのはどういうことなのか、お話ししましょう。

たとえば獣医師の資格は、国家資格です。

すなわち獣医師の資格を取得するということは、国の法律に基づき「獣医師になる能力・知識がある」と証明されたということになります。法律というのは、その国の国民のためにに必要なものです。

つまり動物看護師の職業が国家資格化するということは、国が、そして国民が、コンパニオンアニマルと共生する社会に必要とされているということを意味します。

少子高齢化が世界で最も早く進む日本において、動物たちが国民の「大切な家族の一員である」と認められたということでしょう。

取得は民間資格よりも厳しくなりますが、その分専門的な知識と技能を持っていることが専門職として社会的にも認められ、動物看護職の地位も向上すると考えられます。

動物のスペシャリストとして、ただ経験がある人ではなく、科学的体系に基づいた専門的な学びを修めた専門家だと証明されるのです。

経済的な見地で俯瞰しますと、現在ペット産業の市場規模は1兆6千億円に届くといわれており微増を続けています。

動物看護師の仕事も動物病院のみならずペットサロン、ペットフードメーカー、ペット保険、ドッグカフェ、ペット対応のリゾート施設や住宅、老犬ホーム、ペット霊園など多岐にわたります。日本のあらゆる場所で必要とされる仕事といえるでしょう。動物病院内での職務を超え、飼い主の在宅ケアをサポートすること、ペット関連の商品開発に関わることや、ペット保険の相談、ペットフード選びのアドバイスのほか、獣医師への連絡等、人間の看護師の活躍の場が病院だけではないように、動物看護師は動物たちの健康と安全を守るため、人と動物の懸け橋として、広く活躍していきます。

1986年、アメリカのカリフォルニアで初めて動物看護師の資格が法制化されました。

私は、関係者から話を聞くために、カリフォルニア州都であるサクラメントに視察に行きました。

カリフォルニア獣医師会の重鎮Dr.シューメイカー氏と面会し、カリフォルニア動物看護職協会と協力の上、州法を成立させた経緯を伺いました。また、カリフォルニア動物看護職協会のオフィスも訪問し、私は動物看護学の科学的体系づくりと、日本でも動物看護師の公的資格を目指すことを語り、その思いを新たにしました。

当時の日本では、獣医学を学んだ卒業生のほとんどが小動物ではなく、牛・馬・豚・鶏などの産業動物に関わる仕事に就くか、製薬会社、研究所や行政機関の保健所等に就職していました。

イヌやネコなどのコンパニオンアニマルを対象とする街の動物病院では、たいてい院長のほか、将来開業を目指す若い獣医師に加え、院長の奥様が受付をはじめ診療のお手伝いをされていました。

そのような現状をみるにつけ、専門的な知識と技術を備えた動物看護師の教育をしなければと痛感しました。創始者の慧眼にようやく日本の実状が追いついてきたのです。

海外における動物看護師の資格

海外における動物看護師についてもお話ししておきましょう。

進んでいるのはやはりイギリスやアメリカなどの欧米諸国やオーストラリアです。

2003（平成15）年、ヤマザキ学園で短期大学の申請時、海外の状況を調べたのですが、たとえばアメリカですと2年制のコミュニティカレッジ等は72校、4年制の大学は9校（参考：獣医大学27校）と、日本よりもはるかに多くの教育機関がありました。

1970年代にはカリフォルニアのいくつかのコミュニティカレッジやコロラドの動物病院に併設されている2年制教育機関等を、創始者と一緒に訪問しました。

アメリカ西海岸では動物看護師を「アニマル・ヘルス・テクニシャン」と呼び、東海岸では「ベタリナリー・テクニシャン」と呼んでいましたが、現在では「ベタリナリー・テクニシャン」で統一されています。

サクラメントで視察をした際、日本の獣医師は農林水産省、アメリカでは消費者省の管轄と知りました。

日本の医師、看護師は厚生労働省、獣医師は農林水産省が管轄しています。ところが、アメリカ・カリフォルニアでは獣医師、動物看護師、医師、看護師、歯科医師、歯科衛生士も同じコンシューマーアフェアーズ（消費者庁）が管轄しているということに驚きました。

コロラドの動物病院では、Dr. ロバート・A・テイラー氏が2階で若い人たちに動物看護教育を行っていました。

またその頃「アニマル・ヘルス・テクノロジー」という本がアメリカで初めて出版され、動物の健康と技術が一体となった「アニマル・ヘルス・テクノロジー」という学問分野はとても新しいと感じました。カリフォルニア大学UCデイビス校の獣医学科で麻酔科の教授になられたDr. スティーブ・ハスキンス氏に大学の図書館を案内していただいた際、この本を紹介していただきました。

創始者は、ヤマザキの動物看護教育にこの本を使って授業をしたいと私に申しました。そこで私は日本に戻りましてからこの出版社と契約し、翻訳チームを結成。翻訳本を３冊にまとめ、１章から順番に翻訳をしていきました。

翻訳チームのメンバーには、臨床の現場で活躍されている獣医師の宮野のりこ先生をはじめ、現在、ヤマザキ動物看護専門職短期大学の学科長花田道子教授も参加されました。この本は１９９２年3月、American Veterinary publications.inc.USAより、私が発行人となり、一冊のハードカバー本にし、今でも、図書館には訳本が残っています。

当時はデータでのやりとりなどはなかったですから、その翻訳の原書はフィルムで畳一畳分くらいの大きさで、厚さが15センチにもなり、ものすごく重くて皆で驚いたのを覚えています。アニマル・ヘルス・テクノロジーの勉強を、日本で最初にはじめたのはヤマザキ学園なのです。

アメリカではAVMA（American Veterinary Medical Association：アメリカ獣医師会）の組織のもと、動物看護師教育が認定校により行われ、要件を満たすと全国的な統一試験を受験できます。

合格者はそれぞれの州のライセンス試験を受験し、それに受かるとＲＶＴ（Registered Veterinary Technician：認定動物看護師）として登録できます（獣医師も同様です）。

ＲＶＴは社会的にも認められた資格で、日本の国家資格に相当します。アメリカではAVMAが動物看護師に対して、『ベタリナリー』という言葉の使用を許可した１９８９年が大きな転換期と考えられています。

またイギリスの場合も、資格の認定はRCVS（Royal College of Veterinary Surgeons：王立獣医師協会）が行っています。

１９０８年にはCanine Nurse（イヌの看護師）の教育機関が設立されていますが、RCVSがAnimal Nursing Auxiliary（動物看護補助職）を認め翌年2年制の専門学校が設立。１９６６年には協会名がBritish Veterinary Nursing Associationへ変更。しかし、Nurse（ナース）という名称の使用は１９８４年まで禁じられていました。

１９９１年には獣医師法（Veterinary Surgeons Act）の改正により、動物看護師の業

カリフォルニア州動物看護職協会名誉会長の小槌

務が法的に認められるようになりました。

なお、２０２０年４月の２年制動物看護教育機関数は１７４校。４年制大学は25校、通信教育は10校となっています。

日本では、資格試験は職種によって、人間の看護師さんは厚生労働省、獣医さんは農林水産省など、いわゆる担当する省庁が分かれています。

アメリカは国全体というより州によってルールが異なるところがあり、マイクロチップの装着や避妊・去勢手術についてなど、決定は州の裁量にゆだねられています。

カリフォルニアの動物看護職協会（The california Registered Veterinary Technician

Association）とは今でもお互いに学会に参加するなど情報交換をする長いおつきあいをさせていただいており、２０１０（平成22）年、大学開学時に私は協会の名誉会長にの称号をいただきました。

これは、ヤマザキ学園の動物看護教育と活動がカリフォルニアで高く評価されてのことでした。

長年にわたり動物看護教育の道筋をつくり、多くのアニマル・ヘルス・テクニシャンを社会へ送り出してきたことを認めていただけて嬉しかったのを覚えています。

海外でしか学べないこと

この章の冒頭、渋谷は私の故郷だと申し上げましたが、第2の故郷があるとすれば、それはサンフランシスコです。

海外で見たもの、経験したことは、学園を経営することのみならず私の人生に大きな影響を与えています。

私は、日本国内を旅する機会が少ないのですが、なぜか海外へは気軽に行けるようなところがあります。その素養ができたのは高校3年生のとき、父とともに出かけた世界一周旅行です。本学園の授業内容のさらなる充実をはかるため、ペットに関する先進国であるアメリカやヨーロッパを中心に世界の事情を調査することが目的でした。

訪れた場所はハワイ、ロサンゼルス、サンフランシスコ、シカゴ、ボストン、ニューヨーク、ロンドン、パリ、フランクフルト、チューリッヒ、インターラーケン、アムステルダム、ローマ、アテネ、ポンペイ、バンコク、香港。

18歳で、2カ月の間に世界各地をまわり、各国の獣医大学や盲導犬協会、動物愛護協会、イヌのブリーダーなどを訪れたほか、救助犬の活動やグルーミングスクールなどを見学、それぞれの国のペットを取り巻く人々と環境を見ました。

もちろん、すべての国で美術館の訪問も忘れませんでした。そのとき、ニューヨークの日本人協会に「ニューヨーク・タイムズ」のペットコラムニスト、ウイリアム・フレッチャー氏を紹介され、記事にとりあげられました。父のことは「イヌの専門家を養成するユニークな学校の校長」と紹介し、父が学園の創始者として抱く使命感について書かれていました。

父は、私に世界を見せたかったという気持ちはもちろんありますが、小学生の頃から英語を学んでいた私を語学の面でも頼りにしてくれたのではないかな、と思っています。

それ以降、今に至るまであれほど一度に海外の国をまわった経験はありません。それは私が高校3年生の夏休みでした。

大学受験を控えた大切な時期だったので旅の計画が持ち上がったときに父は、担任の浅野マリ先生に相談に伺ったのですが、先生は「こんな機会はあるものではないからぜひ行ってらっしゃい」と背中を押してくれました。

私はサンフランシスコの街の雰囲気を特に気に入り、ここに留学したいと思い、立教女学院短期大学を卒業して5月19日、アメリカに渡りました。ファッションの専門学校で学びたいという留学の夢を叶えたのです。これは、若い頃学徒出陣で兵隊にとられ留学できなかった父の夢でもありました。

父とサンフランシスコの街角にて

父の時代は、金額の面でも簡単に留学することはできなかったと思います。

しかし決して、私に学園の後を継がせるために留学させたのではありません。父はいつも「好きなことをやりなさい」と言ってくれていました。

私は、専門学校を卒業後サンフランシスコ州立大学のクリエイティブアート学部へと編入します。卒業式では優等生（cumlaude）として表彰を受けるほど勉強に没頭していましたが、当時は父の後を継ぐとは全く考えておらず、修士課程に進む予定でした。

これからの時代は国際的な視野が欠かせないから、学生に海外研修をさせたい。そう考えた父は、1971（昭和46）年、創立4年目のときにアメリカ西海岸への海外研修旅行を実施します。

サンフランシスコ州立大学卒業

サンフランシスコに留学中だった私も案内役として研修旅行の準備をしました。この海外研修旅行は今でも続いていますが、当時は短大卒の女性の初任給がおよそ2万5千円という時代でした。

アメリカまで片道の航空運賃が安くても11万円かかるところ、ヤマザキ学園のツアーは往復の運賃とホテル代を含めて16万円という格安の料金ではありましたが、誰でも気軽に参加できる金額ではありません。

最初は募集を開始しても数人しか集まらなかったのですが数日後には60人を超え、あっという間に200人になりました。

参加者は学生だけでなく、保護者や兄弟、動物関係の仕事に携わる企業の方や、盲導犬協会の方、木下サーカスの団長のご夫妻までいらっしゃいました。なぜか母のお習字の先生も参加されていましたね。当時、それほどの大人数で海外研修旅行を開催するというのは、規模の大きな大学でもできなかったことだと思います。アメリカでも珍しかったのか、空港に到着すると現地の2つの新聞社から取材の連絡が入ったのを覚えています。

サンフランシスコの空港には、ヤマザキ学園の研修旅行を歓迎する言葉が日本語で書かれた垂れ幕も下がっていました。残念ながら上下が逆さまでしたけれども……。

研修旅行では、ドッグフードのメーカーや薬品の企業を訪れたり、本場のドッグ

第1回アメリカ研修旅行

ショーを視察したり、ブリーダー訪問、イヌを預けられるテーマパークなども見に行きました。ほかにも獣医大学やグルーミングスクール、盲導犬協会など、各地をまわりながら海外における人と動物の関係を体験から学びました。

当時留学中だった私は、日本からの指示を受け、これらのプログラムの企画や下見をすべて行っていました。

たとえば、カリフォルニア州サンタバーバラにあるケネルクラブの会長さんを直接訪問しドッグショーを学生に見学させていただけるようお願いしたり、お昼を２００人で食べられる広いレストランを探したり……。

旅行中は、親知らずが痛くなった学生のために歯医者さんを探したり、カバンが壊れたという学生に対応したりと、まるでツアーコンダクターのように働いていました。研修中には、コミュニティカレッジの先生方とも知り合う機会ができました。

父はヤマザキ学園を「いろいろな先生方を招いて大学の壁を取り払った教育をしたい」と考えていたので、海外の教育者とのつながりは後の学園運営にとても役立つこととなります。

ヤマザキ学園の海外研修は、もう40回を超えるでしょうか。オーストラリア研修に、募集人数をはるかに超えて300人もの学生が集まったこともあり、2つのグループに分けて実施しました。

この頃は、海外研修旅行があるからということでヤマザキ学園に入学を決めた学生さんも多かったのだと知りました。

海外で学生を学ばせることは、生命観など動物に対する文化の違いを肌で感じられるという教育において重要なメリットがあります。

というのも、日本と欧米の死生観・動物観には大きな違いがあるのです。そのため日本ではＳＯＬ（Sanctity Of Life：生命の尊厳）を重視する傾向があり、欧米ではＱＯＬ（Quality Of Life：生活の質）を重視する傾向があると思います。

　それらふたつは、対立しやすい概念です。日本で、動物に安楽死をさせるのが受け入れがたいことなのは、ＱＯＬよりもＳＯＬを重視するからだと思います。疾患があった場合でも、１日でも長く生かしたいと思うからかもしれません。

　環境により異なる考え方を理解することは、国際的な視野を持つということになり、それはイヌの世界だけではなくて、外国から日本がどう捉えられているかを知る、つまり自分たちの国を見つめ直すという視点にもつながります。

　そのような客観的な視点を持つことが、多様性社会を生きていく上でとても重要だと考えているのです。

「動物は命あるもの」という考えのもと制定される法律

動物は、大切な家族の一員である。

この本を読まれる動物が好きな方々は、そんなことは当たり前だと思われるかもしれませんね。1969（昭和44）年に父と訪れた世界一周旅行で私は、日本と世界では動物の扱われ方が大きく違うことを肌で感じました。

ロンドンの公園では、イヌやウマが飼い主とともにのんびりと散歩をしていました。イヌは家の中と外を人間の子どものように自由に出入りしていました。フランスで乗ったタクシーの助手席には、運転手さんの飼い犬が乗っていました。

世界では、古くからこうした関係を動物たちとの間に築いてきた国がある。その文化を羨ましいと思いました。

そのような欧米諸国と比較すると日本は、「動物は命があるもの」と認識されるまでに大変時間がかかりました。

日本では長い間、人間と暮らす動物といえば「番犬」や「猟犬」としてのイヌ、ネズミを獲るネコ、そしてウシやウマなどの家畜がほとんどでした。つまり、動物たちは人間の所有物として扱われ続けてきたのです。

従来から「イヌは外で飼うもの」という認識があったこと、それが近年変わってきたことに気づかれている方も多いのではないでしょうか。私が子どもの頃も、大型犬の犬舎は家のお庭にありました。

とても大きな犬舎でパールという名前のシェパードを飼っていたのですが、体が小さかった私はパールの背中に乗れるくらいでした。

大きな犬舎のなかに入って、一緒に遊んだり寝たりしていたこともありました。ドッグフードもない時代、人間が食べた残りものをそのままイヌにあげていた家庭がほとんどだったと思いますが、父は、鶏屋さんから安い肉を買ってきて、お鍋で煮て、麦ご飯と混ぜてあげていました。

今はペットも室内飼いが増え、イヌやネコは家族の一員として、人生のパートナーという存在になりました。

これらの動物をコンパニオンアニマルと言いますが、この考え方は１９８０年代のアメリカで始まったものだそうです。

その年代は、世界的に核家族化やコンピューターの発達、環境汚染などが加速した時代。人間関係が希薄になったり、高齢化や単身世帯の増加が進んだりして人々の生活は一変しました。

その結果、人々が求めたのは思いやりや温かみのある生活でした。

動物が人間の生活に入り込むことで、人間の生活を豊かに幸せにしてくれたのです。

そこにはヒューマン・アニマル・ボンド、すなわちヒトと動物の絆という考え方があったのだと思います。

そして現在、動物に関する愛護・福祉活動はますます広がりを見せています。しかし一方で、日本では今でも1年間にイヌ・ネコ合わせて3万8千頭以上が殺処分されているという悲しい現実もあります。

動物愛護先進国のイギリスでは、1822年に動物愛護を唱える「マーチン法」が成立しました。

その後もペット動物法、イヌの繁殖・販売法など次々に法整備が進み、イギリスの動物の飼育や利用に関する法令は70を超えているといわれています。

一方、日本で初めてのペットに関連する法律「動物の保護及び管理に関する法律（以下、動物保護管理法）」が成立したのは1973（昭和48）年です。

これはペットや家畜に関して、その虐待や遺棄の防止、動物による人身事故の防止を目指すものでした。しかし具体的な定義がされていなかったこともあり規制力も弱く、形骸化した状況が長年続いていました。

2000（平成12）年、動物を、命あるものとして扱うはじめての法律、「動物の愛護及び管理に関する法律（以下、動物愛護法）」が施行されました。これは、コンパニオンアニマルとしての動物の重要性の高まりや、動物などの虐待事件の社会問題化などが引き金となりました。

「動物愛護法」の最大の特徴は、動物を『命あるもの』と明文化した点です（「動物の愛護及び管理に関する法律」総則第二条に記載）。それまで動物は法律上ではモノ扱いだったので、環境改善としては大きな進歩です。

この法改正には、私も感無量でした。動物は子どもと同じで、ごはんを食べさせてあげなくてはいけないし、予防注射もしなくてはいけません。

飼い主がやらなくてはいけないことがたくさんあります。そんな弱いものたちが捨てられたり、殺処分されたりということはとても心の痛むことです。

これを防ぐにはやはり動物の愛護及び管理に関する法律なのです。そしてその法律を守るために働くのが、動物看護師だと私は思うのです。

生命（いのち）というのは、それだけで成り立つものではなく、ほかの生命（いのち）とともに生きるのが本来のあり方だと思います。

たとえば一人暮らしの方が一緒に生きる生命（いのち）を求めてイヌやネコを飼ったりすることもあるでしょう。

ひとりで生きるより、ほかの生命（いのち）と生きる方が楽しく、張り合いがありますよね。食餌を与え、しつけをほどこし、散歩に連れ出し、健康にも気を配って……。

そこには必ずコミュニケーションが生まれます。生命（いのち）を育みともに生きることで、私たち人間も動物から学ぶこと、教えられることがたくさんあり、ともに成長していけるのだと私は考えます。

動物愛護法では、動物の飼い主の責任として次のように言及しています。

・動物の種類や習性などに応じて適正に飼い、動物の健康と安全を守るよう努めること
・動物が人に危害を加えたり迷惑を及ぼしたりすることがないように努めること
・みだりに繁殖することを防止するように努めること
・感染症などの病気の知識をもって、予防に注意するよう努めること
・自分が所有していることを明らかにするために、標識（マイクロチップなど）をつけるよう努めること

2005（平成17）年に動物取扱業の規制強化、実験動物への配慮、特定動物の飼養規制強化、特定動物の飼養規制の一律化などについて、2012（平成24）年には終生飼養の明文化、罰則の強化、災害対応について一部改正が行われました。

私は2009（平成21）年6月から2017（平成29）年2月まで、環境省中央環境審議会の動物愛護部会臨時委員として、この法改正に取り組んできました。

このように動物に関する法律が整備されてきたことはとても喜ばしいことであり、特にイヌ・ネコをコンパニオンアニマルとして飼育する文化が成熟してきたことの表れだともいえます。

昨年、2019（令和元）年の動物愛護法改正は、動物虐待罪の厳罰化や犬猫へのマイクロチップ装着の義務化、生後56日以下の犬猫の販売禁止（56日規制）などが盛り込まれました。

厳罰化の背景には、インターネット上で犬猫やハムスターなどの虐待動画の投稿が相次いだことがありました。

56日規制は、欧州の一部ではすでに実施されていますが、犬猫を親から早く引き離し販売すると噛みグセなどの問題行動を誘発し、飼い主からの虐待につながるとして動物愛護団体が導入を主張してきたものです。

このようなことを考えても、人にとっても、守られるべき動物にとっても良い法改正が行われたと考えています。

なかでも動物看護職の国家資格化に関して大きな一歩となるのは、マイクロチップ装着の義務化であるといえるでしょう。

マイクロチップとは長さ10ミリ、直径2ミリ前後のとても小さな電子器具です。15ケタの番号が記録されており、注射器のような器具でイヌやネコの首の後ろの皮下に埋め込みます。番号は専用機器で読み取ることができ、飼い主の連絡先などの登録情報が分かるようになっています。

将来はイヌやネコの病歴や服用している薬などの情報も入れられるようになるのではないかと考えています。

マイクロチップを装着することで、飼い主の責任を明確にし、動物を捨てたりすることを防止するとともに、災害などで動物たちが迷子になった場合にも役立ちます。

ヤマザキ学園では1991（平成3）年に私が学長に就任した際、日本動物愛護協会と日本動物福祉協会のご協力を得て「ヤマザキボランティアクラブ」を発足、1995（平成7）年の阪神淡路大震災や2011（平成23）年の東日本大震災において、飼い主とはぐれ、家を失ったイヌやネコたちを救う活動等を学生さん、教職員たちと一緒に行っています。マイクロチップ装着の義務化により、飼い主とはぐれてしまった動物たちを少しでも減らすことができるのはとても意味のあることです。

そして、このマイクロチップを装着できるのは新しい法律で「獣医師に加え、愛玩動物看護師である」と定められました。動物愛護法の改正と新法「愛玩動物看護師法」の成立は、動物看護師として働く方、またこれから動物看護師を目指す方たちにとって大きな転機になります。

獣医師の指示のもと、以前はできなかった採血・投薬・カテーテルによる採尿に加えて、マイクロチップの装着が可能になり、職域がこれまでよりも広がることは、動物看護にとって喜ばしいことです。

Theme 1

「薫先生と学園の思い出」

山川 伊津子さん（専門職短大准教授／ヤマザキカレッジ1982年卒）

私は20代の前半から、ずっとヤマザキ学園に関わってきました。良壽先生にもご指導いただいていますから、長いおつきあいです。薫先生は、私が学ぶこと、そして教えることが好きであることを理解し、節目で必ずナビゲートしてくださいました。サンフランシスコ州立大学の大学院で私を学ばせたいと、わざわざ一緒に行ってくださったこともあったんですよ。私は子育てや母の介護をしながら学び続け、今年の春、横浜国立大学の環境情報学府において博士号をとることができました。これも、先生のご指導があったからです。今は補助犬をメインに研究をしていますが、自分が学んできたことを余すことなく学生に還元していきたいです。

薫先生：山川さんは、とても教育に向いていると思います。学生時代から、何を学ぶと良いかなどたくさんアドバイスしましたが、教え子をサンフランシスコ州立大学まで同行しマスターコースに入学させるなどということはあまりないことで、彼女との思い出でいちばん大きなものです。

井上留美さん（専門職短大講師／ヤマザキカレッジ1988年卒）

理事長がまだ「薫先生」で、学生の就職なども担当されていたときのことです。私が就職先に希望していたのは、動物病院NORIKOの宮野のりこ先生のところだったのですが、薫先生が教室までいらっしゃって私を呼び出し「どうして宮野先生のところで働きたいのか」など詳しく聞いてくださった上で紹介してくださいました。あのときは突然の先生登場に「井上さん、なにかやらかしたの」と教室がざわつきました（笑）。また今回、動物看護師の国家資格化、法制化の「産みの苦しみ」に薫先生が尽力されているのを間近で拝見し、近くで微力

ながらお手伝いができたことも印象深いです。

薫先生：18歳で山形から上京し、一生懸命学んでいたのが傍目にも分かり、大事に育てていきたいと思いました。卒業式に振袖を着て、豊かな黒髪を結い上げていたその姿は今でも忘れられません。動物病院で10年勤務したあと、海外でリハビリテーション研修などの経験も積み、ヤマザキに教員として帰ってきてくれました。

福山 貴昭さん（大学講師／ヤマザキ動物看護短期大学2008年卒）

私は、動物看護師の仕事の一部であるグルーミングケアが専門です。また私の研究テーマである危機管理学をもとに、災害時の被災動物に対するリスクマネジメントも行っています。23歳の頃から、ちょうど人生の約半分にあたる23年間をヤマザキ学園で過ごしてきました。理事長には父の代からお世話になっていて、こんなにもやりがいのある仕事に就けたのも、理事長と出会えたからこそ。

とても感謝しています。私が思う理事長のイメージは、ひとことで言うとイノベーターです。誰かの真似をせず、自分で切り拓きながらバージョンアップを繰り返していく精神は、ヤマザキの卒業生にも受け継がれていますし、父の後を継いだ自分とも重なるところがあります。

薫先生：私は「貴昭くん」と呼んでしまいますが、ヤマザキ創立時からご両親と親しくさせていただいており、彼がお母さまのお腹にいたときから知っています。つい、今でも子どものように見てしまいますね（笑）。でも、これからヤマザキ学園は、災害時の同行避難や避難所について渋谷区とも協力していくのでぜひ力をかしてほしいと思っています。

宮田 淳嗣さん（専門職短大助教／短大2007年卒、専攻科2008年卒、ヤマザキ学園大学2016年卒）

ドッググルーミングを学びたくて、最初は短期大学に入学しました。私は1期生、はじめての男子学生でした。当時男子はクラスで4、5人と少し肩身が狭かったのですが、クラスを超えて男子の絆は深まりました。卒業時に専攻科ができることを聞き、迷わず進みました。卒業後はヤマザキ学園の職員として8年勤務。学生に実習授業を行ううちに、グルーミングを技術だけではなく学問として科学的に確立させたいと考えるようになり、大学に編入しました。いま、母校で、新しく開学した専門職短期大学において教職につけていることはとても嬉しいです。もうひとつ最近嬉しかったことは、子供が生まれたことを薫先生に報告できたこと。とても喜んでくださいました。

薫先生：初めて出会ったときは18歳。ご両親にかわいがられているんだろうなあ、と思って見ていた宮田さんがもうお父さんなんですね（笑）。お子さんの成長が楽しみです。グルーミングを学問として確立することを目指す宮田さんのような人たちのためにも、大学院をつくりたいと思っています。

荒川 真希さん（大学助教／短大2007年卒、専攻科2008年卒、ヤマザキ学園大学2014年卒）

私は今、ネコの泌尿器疾患を予防するため栄養学の研究をしています。この春、日本獣医生命科学大学で修士号を取得しました。印象深い思い出は、短期大学の卒業式で学生代表のご挨拶をさせていただいたとき。私は専攻科に行くことが決まっていたのに感極まって泣いてしまったんです。そのときに薫先生がハンカチを貸してくださったのですが、そのハンカチをどうしたらいいか分からずそのままお返ししてしまって……今考えると恥ずかしいです（笑）。先生は、式に参列していた父に直接「期待しています」とお話しくださったようで、父は感激していました。

薫先生： 卒業式のときにお話ししたお父様は、目尻が下がりっぱなしでしたよ。荒川さんも、とても優秀な学生さんでした。動物看護学会などにも積極的に参加し、修士を取得しましたね。短大から大学にするときの戦力として、ぜひスタッフにしたいと思い、宮田さんと一緒に採用しました。これからが楽しみです。

土屋 恵美さん（大学助教／専修学校日本動物学院2003年卒）

学生時代、私は自分の好きなおしゃれをしていまして、髪は茶色に染めていました。あるとき、山崎良壽奨学金をいただけることになったのですが、授与式に出るということで母が「せっかく奨学金をいただけるのだから」と、前の晩、真っ黒に染めてくれまして、万全の状態で式に臨みました。ところが当日薫先生に「あなたそれどうしたの！」と大声で笑われてしまって……（笑）。それが学生時代のいちばんの思い出でしょうか。

薫先生：いわゆる奨学金をもらう優等生タイプと全然ちがったんですよ。でも人望もあってガッツもあるし、これからのヤマザキを担ってくれる人材だと思っていました。奨学金の授与式では、髪の赤い土屋さんを見たほかの理事は驚くだろうと密かに楽しみにしていたら、真っ黒に染めてきて……。思わず笑ってしまいました。

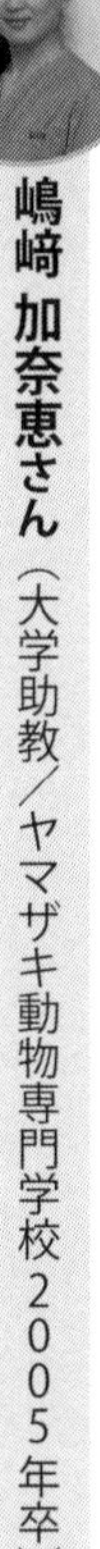

嶋﨑 加奈恵さん（大学助教／ヤマザキ動物専門学校2005年卒）

専門学校を卒業してからドッググルーミングの実習の現場に15年携わりました。大学に入職してからは動物人間関係学専攻の実習や、他部署の方々と協働するプロジェクトを進めることで、グルーミング技術者だけではなく社会人としても成長させていただけたと思っています。特に印象深いのは10年ほど担当していた大学職員の採用プロジェクトや、採用後の研修を行う業務です。自分が採用に関わった人がやめてしまうとやはり寂しいので、どうしたら定着してくれるのかを日々考えながら勤めました。私はヤマザキ学園に就職してたくさんのことを経験させていただけたことを感謝しています。

薫先生：とても面倒見のいい人なんです。明るくて、学生の指導も上手。新卒採用を長年担当してもらっている理由は、彼女がヤマザキ学園を好きで、どういう人が向いているのかを体得していると感じるからです。これからも自らの研究を深めながら、いい先生に育っていくと思っています。

武田 侑子さん（大学助教／ヤマザキ動物専門学校2006年卒）

地元を出てからもう人生の半分をヤマザキで過ごしています。私のいちばんの思い出は入職5年目、父ががんを患って余命宣告を受けたときのことです。2カ月間地元に帰って父を見送り、戻ってきて薫先生にお礼を申しあげました。先生は、ずっと励ましのお電話やお手紙をくださっていたからです。そのときに励ましの言葉とともに言われた「働きなさい！」というひとこと……若かった当時は厳しいなと思ったのですが、働くことで自分の寂しさや哀しみが救われ、理事長の深い優しさに気がつきました。あのときのこと、とても感謝しています。

薫先生：あのときのことを思い出すと胸がつまります。親を亡くすにはあまりに若かった武田さんを前に、私も正直なところどうしようかと思いました。このまま地元に帰ってしまうのではないかと。ただ、人間はふたつのことをいっぺんに考えられないから。仕事をすることで気がまぎれるだろうと、自分の経験を踏まえてかけた言葉だったと思い出し、今でも涙がでてしまいます。

友野 悠さん（大学助教／ヤマザキ学園大学　2015年卒）

学生のときに、実習で愛知県の獣徳会動物医療センターに行くことになりました。私はとても緊張していたのですが、薫先生が「病院側ではまだ大きな期待をしていないから、気楽に行ってらっしゃい。原先生はとても良い方よ。」と言ってくださったのです。そのひとことでずいぶんと心が楽になり、臨床の面白さを知りもっと学びたいと思える充実した日々を送りました。また海外研修でUCデイビス校の動物看護師を見たことは、自分もこのレベルになりたいと強く感じた印象深いできごとです。ヤマザキで学んだからこそ、私は薫先生の後を追うように麻布大学に行き、修士を取ることができました。

薫先生：創始者の時代から麻布大学とは縁が深く、附属の動物病院に採用していただいた卒業生も多くいます。実は、獣徳会動物医療センターへ送るのは私が厳選している優秀な学生（笑）。友野さんは大学の2期生ですが、次の博士号候補ではないかと期待しています。

「国家資格化を受け、動物看護学について思うこと」

山川：国家資格化は時間がかかりましたが、日本のスタートは決して遅くはありません。専門職として認められた動物看護師が一生続けられる仕事として社会でどう発展していくか楽しみです。動物と一緒に人が幸せになるための人材を育てていきたいと思います。

福山：動物看護師の活躍は病院だけではなく、人と動物の共生社会には欠かせない存在です。だからこそ、動物について生から死までトータルに学ぶことができるヤマザキ学園の教育は必ず社会で高く評価されます。国家資格はそのことの証明だと思います。

宮田：動物看護学は、獣医学がつくった道をたどるのではありません。動物看護師が動物看護師のために道を切り拓いていくことが大事だと考えています。国家資格化を契機に、動物看護学がより広く認知され、社会に貢献していくことを期待しています。

友野：アジア諸国のなかには、動物看護師という職業がない国が多くあることを大学の学びの中で知りました。まずは日本の動物看護師の基準レベルを上げ、アジアを引っ張っていけるような存在になれたら良いなと思います。

荒川：動物が好きだからこそ、動物を通して一緒に暮らす人の健康や幸せをサポートできる。国家資格となった動物看護師がそのような活躍をする将来に期待します。

土屋：動物看護師は、動物のみならず、飼い主さんとどう関わっていくかが大切です。動物看護学の教育をしっかりと学んだ学生が、国家資格を取得し、飼い主さんの信頼を得て、動物医療だけでなく人や社会との関わりを深めながら職業として発展していってほしいと思います。

嶋﨑：長年グルーミング教育を専門にしているのですが、動物看護師は獣医のサポートという印象がまだあるかと思います。国家資格化をきっかけに、動物看護

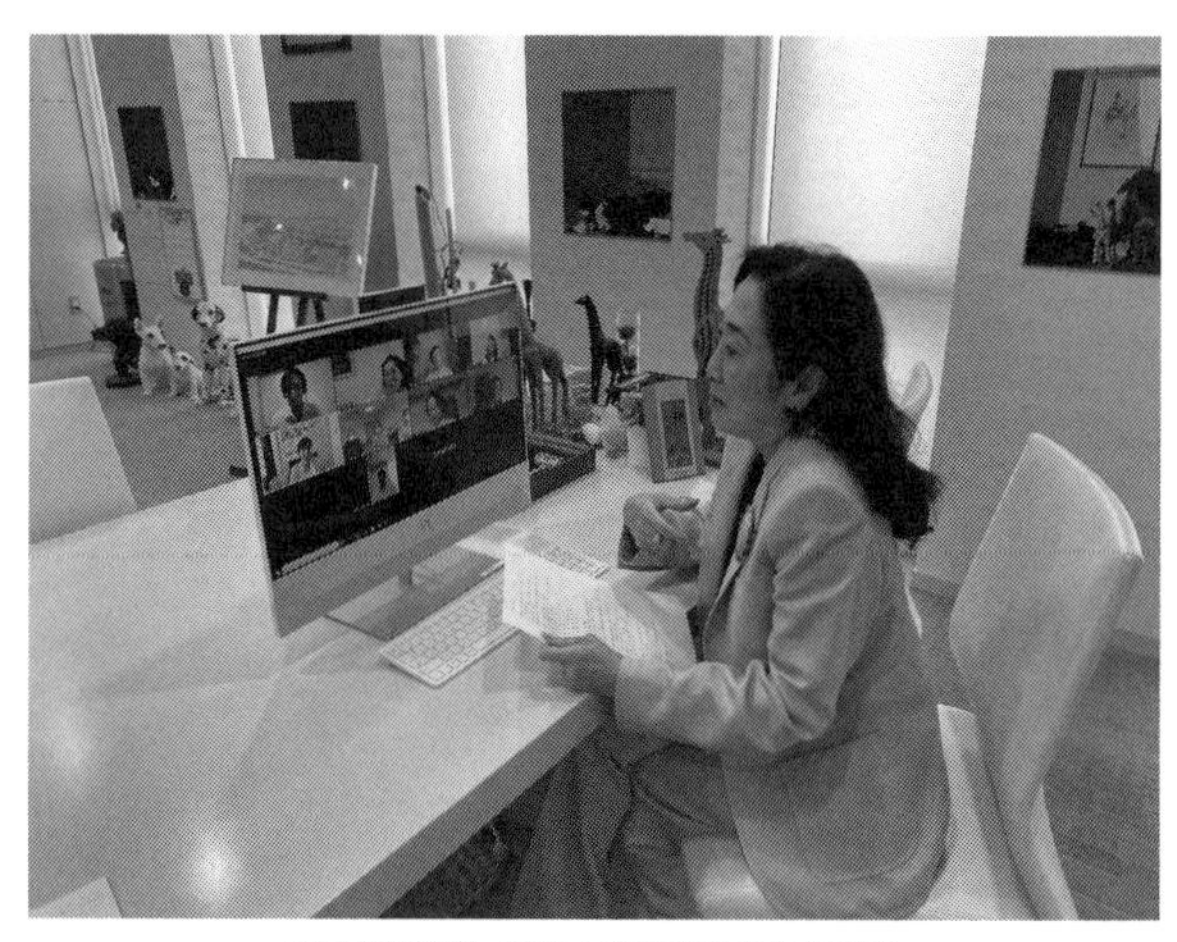

コロナ禍の中、オンラインで行われた同窓会

師としての深い知識を備えた技術者であるということを伝えていきたいです。

武田：動物看護師も豊富な知識・経験を備えたベテランが増えてきています。ヤマザキではそんなベテランの動物看護師が動物看護師を育てていく。今後それが期待されることだと感じています。

薫先生：大学を開学して10年たって、卒業生9人が専任教員になりました。この個性ある9人がタッグを組んで、これからのヤマザキを支えていって欲しいと期待しています。

第2章

「愛玩動物看護師法」成立

「愛玩動物看護師」にできること

２０１９（令和元）年6月21日（金）、第１９８回通常国会にて「愛玩動物看護師法」が成立しました。

国家資格の新設は簡単に認められるものではありません。

日本獣医師会をはじめ、動物看護師の団体、動物看護教育関係、動物関連産業界の分野から、国家資格の必要性を訴え政治家の先生方や関係省庁のみなさまをはじめ多くの方々と協議をおこない、ご賛同を得て努力し、国にとって、社会全体にとってその意義が認められたからこその法制化でした。

詳細は後述しますが、日本獣医師会の藏内勇夫（くらうちいさお）会長の命を受け、一般社団法人日本動物看護職協会に「動物看護師国家資格化推進委員会」が設置されました。

私が委員長を拝命し、学校法人シモゾノ学園下薗惠子（しもぞのけいこ）理事長が副委員長に就任され、動物看護師の質の向上や資格の整備に努めてきた一般社団法人日本動物看護職協会の会長であり、自らも動物看護師として長年にわたり臨床の現場で活躍されてきた横田淳子会長のもと、法制化への第一歩をふみだしました。

日本獣医師会顧問の北村直人先生を中心に私たち3人は、慣れないロビー活動をはじめました。

1970年代のアメリカのテレビ番組「チャーリーズ・エンジェル」にならい私は、「北村エンジェルズ」と私たち3人を名付けました。のちに議員の先生方から「スリーエンジェルス」と呼ばれるようになりました。

法制化までの険しい道のり、3人で同じ方向を見つめ、数々の困難に粘り強く立ち向かいました。

ここで、日本ではどのように法律ができるのか、おさらいとして少しだけお話ししておきましょう。

法律は、三権分立の立法権を持つ国会でつくられます。

国会議員（衆議院議員、参議院議員、両院の委員会など）が法律のもととなる法律案をつくる「議員立法案」と、内閣が法律案をつくる「内閣提出法案」があり、どちらの場合もその法律案が政策を実現する手段として適当なものであるか、憲法に適合しているか、他の法制度と調和がとれているかなどが多角的に審議・検討され、法律独特の用語や形式を用いて条文の形式で作成されます。

法律案は、国会の会期中に提出することができます。

国会議員が法律案を提出する場合は自身の所属する議院の議長に、内閣が法律案を提出する場合は内閣総理大臣から衆議院または参議院どちらか一方の議院の議長に提出します。

国会の審議は、衆議院もしくは参議院のうち最初に法律案が提出された議院からはじまり、法律案を受け取った議長は、その内容にふさわしい委員会を選び、法律案の審査を担当させます。委員会は10~50人ほどの少人数で行う会で、法案について専門的に調査をしたあと採決を行い、結論を出します。

委員会の審査が終わった法案は、続けて本会議にて審査をされます。

本会議では委員会の審査結果を踏まえ、議員全員で採決を行い、議院としての最終的な意思を決定します。

最初の議院の審議が終わった法律案は、もう一方の議院に送られ、同じように委員会の審査、本会議の審議が行われます。

このように、法律案は衆議院と参議院の両院で別々に審議され、原則として両院の意思が一致してはじめて法律として成立します。

ちなみに内閣提出法案は、国会で審議をする前に「与党審査会」で審議が行われ、通ったものが国会に提出されます。

つまり、国会で過半数を占める与党の国会議員がすでに了承した法律案ということなので、法制化の確率はとても高くなります。

一方、議員立法案は与野党を問わず議員がつくる法案なので、野党議員による法案の法制化はかなり難しいのが現状です。

今回の愛玩動物看護師法は、超党派（与党・野党にかかわらず、党を超えた議員たち）から衆議院に法律案が提出された議員立法でした。

1973（昭和48）年、創始者が健在だった頃、「動物の保護及び管理に関する法律」が議員立法で成立したことを覚えていたので、議員立法による今回の法制化を自然と受け入れることができました。

また、国会には150日間という会期があり、話し合える期間が限られています。基本的に、採決のないまま会期が終わればその法律案は廃案となるのですが、会期延長や継続審議という手段がとられることもあります。

実は愛玩動物看護師法は、会期終了間際、ぎりぎりでの採決でした。

第1章でも述べましたが、愛玩動物看護師法は動物のなかでも犬・猫および愛玩鳥などのコンパニオンアニマル、愛玩動物について愛玩動物看護師が行う業務独占、名称独占を規制した国家資格のための法律です。

この法律の総則第一条では「この法律は、愛玩動物看護師の資格を定めるとともに、その業務が適正に運用されるように規律し、もって愛玩動物に関する獣医療の普及及び向上並びに愛玩動物の適正な飼養に寄与することを目的とする」と定めています。

獣医師による診療の補助行為を行うことで獣医療に貢献することや、飼い主に適切な飼育のアドバイスをすること、ほかにもペットの栄養管理からアニマルセラピー活動、高齢者・障がい者への在宅飼育支援まで幅広いニーズに応えることが期待されています。

愛玩動物看護師になるには、愛玩動物看護師国家試験に合格し、農林水産大臣および環境大臣からの免許を受ける必要があります。

また、試験は誰でも受けられるものではなく、受験資格が別に定められています。

①学校教育法に基づく大学において農林水産大臣及び環境大臣の指定する科目を修めて卒業した者
②農林水産省令・環境省令で定める基準に適合するものとして都道府県知事が指定した愛玩動物看護師養成所において、3年以上愛玩動物看護師として必要な知識及び技能を修得した者
③外国の大学もしくは養成所を卒業し、または外国で愛玩動物看護師に相当する免許を

取得した者で農林水産大臣と環境大臣の認定を受けた者

に限られます。ここでは、診療の補助を含め、これまでより広範囲な内容を学修できる学校が前提となっています。

さらに試験に合格しても、罰金以上の刑に処せられたことのある者など、欠格事由に該当する場合は愛玩動物看護師の業務を適正に行えないと判断され、免許を与えられないこともあります。

イヌ・ネコ・小鳥などの愛玩動物に関する国家資格としては、獣医師に次いで重要な国家資格であるため、相応の審査が設けられているのです。

そのため、資格を取得した人への信頼度は高くなり、企業によっては昇給や資格手当を出すところもあるでしょう。就職・転職に関しても、国家資格を持つことは有利に働くと考えられます。

現在、すでに一般財団法人動物看護師統一認定機構の試験に合格し登録した認定動物看護師である人も、愛玩動物看護師になるには国家試験を受ける必要があります。

愛玩動物看護師になると、業務内容の幅も広がります。獣医師法において、現在獣医師にしかできないとされている診療のうち『補助』に加え、愛玩動物看護師でなければ出来ない業務独占として採血や投薬、マイクロチップの挿入、カテーテルによる採尿などは獣医師の指示のもと、チーム動物医療の強化が期待されます。

また「名称独占」といって、獣医師と同じように、国家資格を取得していない人は愛玩動物看護師と名のることはできません。現在、類似の名前を使用している場合は名称の再検討が必要になる場合もあります。

愛玩動物看護師法は、農林水産省と環境省の共同所管で成立した珍しい法律です。「獣医師法」を管轄する農林水産省はチーム動物医療の観点から、そして「動物の愛護及び管理に関する法律」を管轄する環境省は動物愛護の観点から、動物看護師を国家資格化する必要性があると判断し、法制化されました。

前者はもちろん医療と関連し、後者は終生飼養や動物虐待などを含み、飼い主や、産業界とも関連します。

そのため、動物病院での診療の補助という範囲だけではなく、イヌやネコたちが良い健康状態を保ちながら人とともに生きていくための専門的な知識と技術を持つ人材として、国家資格を持つ愛玩動物看護師の存在は社会で広く求められるものになると考えています。

もちろん、新しい制度がスタートする際には、準備の期間が必要で第1回の国家試験まで約3年の猶予期間をとっています。

＊「愛玩動物看護師法」(令和元年法律第五十号)の詳細につきまして以下ご参照ください

農林水産省HP

https://www.maff.go.jp/j/syouan/tikusui/doubutsu_kango/attach/pdf/rule-1.pdf

環境省HP

https://www.env.go.jp/nature/dobutsu/aigo/kangoshi/rule.pdf

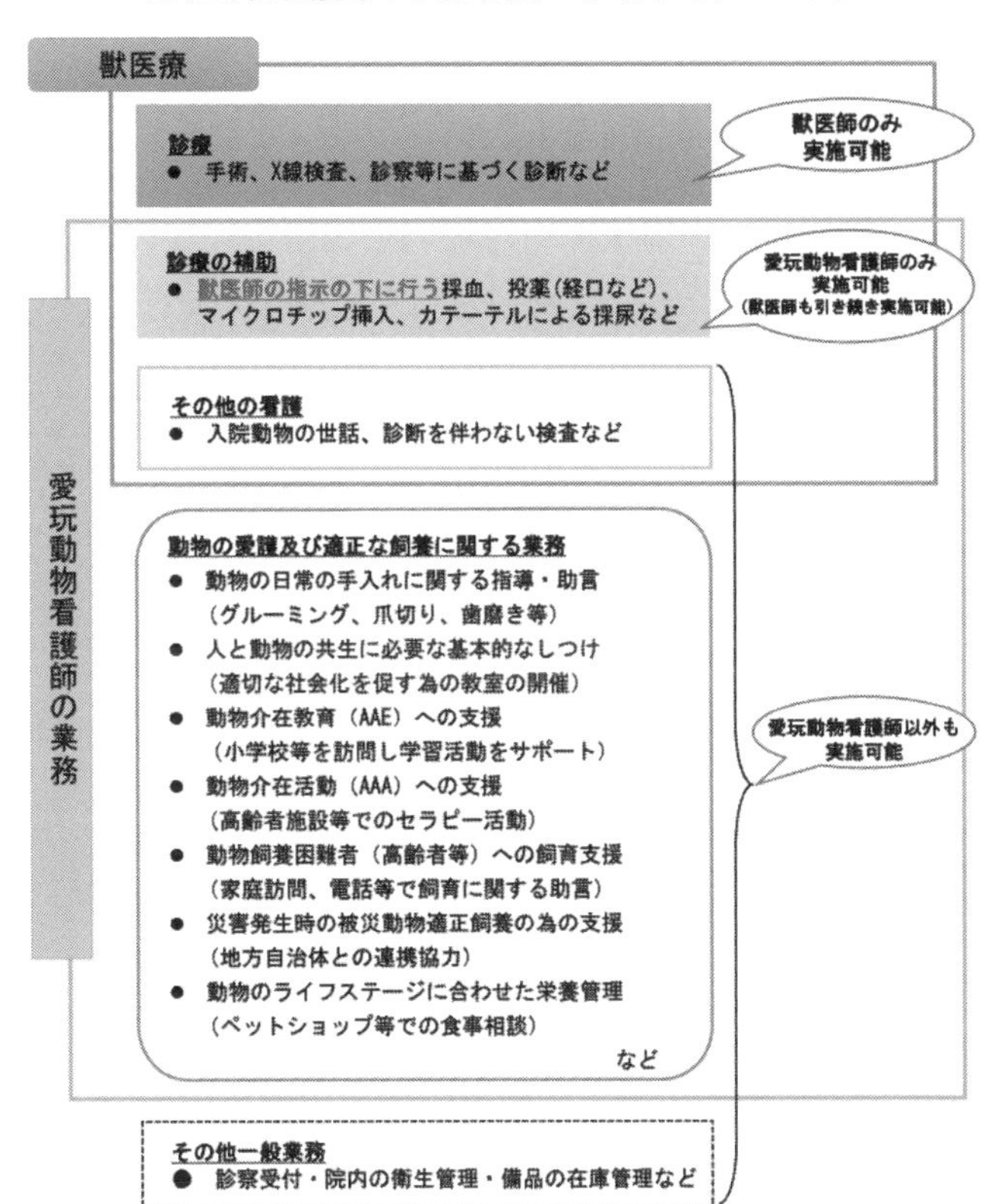

愛玩動物看護師の業務　（出典：環境省）

法律の名称が意味するもの

動物看護師を新しい国家資格として、専門職として、社会に広く認知される自立した職業にしたい。

そんな思いで活動をしてきた私は、法制化にあたり名称が「愛玩動物看護師」となりそうだという流れになったときに驚きました。

愛玩の「玩」は、玩具、おもちゃという意味があります。ヤマザキ学園では「アニマル・ヘルス・テクニシャン」を「動物衛生看護師」として商標登録してきました。

コンパニオンアニマルは、ヒトのおもちゃではなくて家族の一員であるということは大前提なのです。

日本動物看護職協会は、はっきりとこの名称に異をとなえていましたし、私も悩みました。

愛玩の「玩」をひらがなにしてはどうか、という意見も出ました。ただ、この名称になるのにも理由があったのです。

動物には、コンパニオンアニマルのほかに産業動物や野生動物、実験動物、海洋動物などがあります。

ヤマザキ学園は、動物看護の教育機関として文部科学省から「コンパニオンアニマルに特化した動物看護教育」で認可をいただいています。

しかし「動物看護師」という名称にすると、すべての動物が対象となることになります。

現在、世の中で看護が必要とされているのはコンパニオンアニマルであるということをはっきりさせる名称をつける必要があったのでしょう。

環境省の動物愛護法においては、動物といえば、すべての動物のことを指します。たとえ食肉となる牛や豚であっても苦痛を伴わない飼育環境を整えると明記されています。また、獣医師法第十七条にはイヌ・ネコのほか、牛、馬、めん羊、山羊、豚、鶏、うずらその他が診療対象と明記されています。

しかし、獣医師法を所管する農林水産省では看護が必要な動物はペットである愛玩動物であると考えており、両者の間にはややズレがありました。

私は、それならばいっそ環境省のみが所管する法律として成立させ、たとえば「愛護動物看護師法」などでも良いのではないか、以前はそんな考えもよぎりました。

けれども、チーム動物医療の現状を考え、農林水産省と環境省、両省でつくられる法律だからこそ意味があると考えました。

農林水産省の所管でなくなると、動物病院でできる業務の幅は広がらないでしょう。それでは、時代に合っているとはいえません。

両省の大臣の名前が入った法律だからこそ、動物看護師の職域は広がり、社会への認知度は高まるのです。最も大切なところはやはりそこだと考え、「愛玩動物看護師法」という名称で始めるのも日本らしい考え方だと思いました。

将来、業務の対象が産業動物等へと広がりを見せたとき、名称もまた、社会の必要に応じて考えていくことになるでしょう。

日本獣医師会

動物看護師の国家資格化にあたり忘れてはならないのが、活動に大きなご指導、ご支援をいただいた公益社団法人日本獣医師会の存在です。

日本獣医師会は設立から135年の歴史を持つ、獣医師により構成された職能団体です。農林水産分野、公衆衛生分野、バイオメディカル分野など、獣医療にとどまらず幅広い分野で啓発活動や社会的な活動を行っています。

ヤマザキ学園では創始者の代から深いつながりのある団体です。

日本の社会における状況から動物看護師の必要性が増していることは、日本獣医師会でも長年議題とされており、教育機関や公的資格化については折に触れ話し合われてきました。現在の藏内会長は獣医療の現場において、動物看護師が動物、飼い主、獣医師の橋渡しをする大切な存在であり高いレベルが求められる専門職であることから、国家資格化を「1日でも早く」と考え私たちの活動を応援してくださいました。

なお、2019（令和元）年に開学したヤマザキ動物看護専門職短期大学の申請時には、特色ある新学校種の動物看護教育に賛同してくださいました。

藏内会長は日本医師会と日本獣医師会が連携した、「ワンヘルス」という国際的な取り組みにも積極的です。ワンヘルスとは、ヒトと動物の健康と環境を守るために医学と獣医学が一つになるという意味で、動物看護師にも高い期待が寄せられています。

「動物と人の健康はひとつ。それは地球の願い」というのが活動の考え方であり、ヒトも動物も命の重さは同じだという考えを提唱していらっしゃいます。

日本獣医師会と日本医師会が共同で行う勉強会や発表会には、ヤマザキ学園は必ず教職員を連れて参加しています。

獣医師は言葉を話さない動物を相手にしているのだから、ある意味人間の医師よりも大変なところがあると私は思っていますが、そんな獣医師をしっかりとサポートできるのが愛玩動物看護師であり、獣医師の指示のもと明確に業務を行えることが地位の向上につながっていくのです。

創立時から国家資格が目標

前の章でも触れたとおり、ヤマザキ学園は、創立当初より動物看護師の国家資格化を視野に入れていました。父とともに外国を訪れて動物医療の状況などを把握していた私から見ますと、日本の法制化はやはり遅いなと感じるところがあります。

イギリスやアメリカ、オーストラリアと比較しますと、日本は働きながら資格を取るようなシステムもなく、動物看護師として働いてからの年収も、地域によって格差があるのが現状です。

ヤマザキ学園における動物看護師の公的資格化への第一歩は、１９６７（昭和42）年。創始者が学園創立と同時に日本動物衛生看護師協会を設立したことにあります。

目的は新しい職業の確立とライセンス制度の周知です。動物のスペシャリストを養成することの根底には、職業人としての女性の自立を実現させたいという強い想いがありました。

創始者は「ナイチンゲールのように、知性と、やさしさと、意志と、行動力のすべてを備えた女性を育てたい」と考えていました。

生命（いのち）を創造する性を備える女性の豊かな愛情や母性を、専門的な知識と技術で裏打ちし、ひとつの新しい職業として社会から認知されることを目標に掲げていました。

創立当時はまだ、グルーマーや動物衛生看護師といった動物に関わるスペシャリストの存在自体が日本社会に認知すらされていませんでした。

動物を「正しく飼う」という考え自体がなかったといえるでしょう。

動物を正しく飼うためにはグルーミングやしつけ、健康・衛生管理などが必要であり、そのためには動物を専門とする職業があることを多くの人に知ってもらわねばならない。まさにゼロからのスタートでした。

社会に認知されるために必要なのは、何をもってスペシャリストとみなすか、つまり客観的な判断基準です。21世紀は資格の時代となることを見据え、民間の資格制度をつくりました。創始者の考え方は大変ユニークで、海外のメディアで注目され、多くの取材を受けました。

ヤマザキ学園が「シブヤ・スクール・オブ・ドッグ・グルーミング」として開設されたことから分かるように、最初に制定したのはグルーミングの資格でした。

私は第1回のライセンスをいただいた7人の内の一人です。1970（昭和45）年には、すでに100人以上の資格認定者が誕生しています。

当時の女性の就職状況を考えますと、これだけ多くのライセンスを持つグルーマーを社会に送り出したことは大変画期的なことでした。

そのときの卒業生は、日本で初めて新宿の小田急百貨店にオープンしたグルーミングサロンに就職しました。

創始者は、飼い主に対してイヌの正しい飼い方を広めていくための普及・啓発活動を行っていました。なかでも、1973（昭和48）年にイヌの食餌を中心に飼い方の指導を行った、渋谷道玄坂校舎1階に開設した「ワンワンレストラン」は大きな反響を呼び、

取材が殺到した「ワンワンレストラン」のクリスマス

国内はもとより世界中のメディアの関心を集めるニュースとなりました。

創始者が、記者の人たちにユニークなイベントの根底にあるテーマとメッセージを根気よく伝えていたのを今でもよく覚えています。

アメリカのCBSニュースや、インドのデイリーニュースなど、1年間で52回もの取材申し込みがありました。

サラリーマンの方が、人間のレストランと間違えて来店されることもありましたが、飼い主やワンちゃんには大好評でした。太りすぎでお腹が床に擦れてしまったバセットハウンドのリリーちゃんが、毎日飼い主を先導してダイエットメニューをテイクアウトしていたのを覚えています。

犬の食餌を通して、飼育やしつけ、栄養管理をアドバイスする窓口だったのです。当時、福山英也(ふくやまひでや)先生のシェフコート姿が人気でした。

1981(昭和56)年に、動物看護に関する「アニマル・テクニシャン」のライセンス認定登録が開始された後「アニマル・ヘルス・テクニシャン(動物衛生看護師)」を正式な日本名とし、商標登録を行いました。

この頃学園は、法整備により6年制教育となった獣医大学に合わせるかたちで、ヤマザキカレッジ付属日本動物看護学院で3年制の一貫教育を始めました。

この先、動物看護師は獣医師に欠かせないパートナーとなること、今後チーム動物医療がますます重要になることを考えてのことでした。

ヤマザキ学園が動物看護師の教育を整備するのと呼応するように、社会においても少しずつ新たな動きが生まれ始めていました。

1987(昭和62)年、公益社団法人日本獣医師会がアニマル・ヘルス・テクニシャンの制度検討委員会、つまり動物看護師の資格をどのように整えていくのかを検討する「ＡＨＴ（Animal Health Technician：動物衛生看護師）制度検討委員会」を発足しました。

その2年後には、動物看護師の養成学校認定システムの骨子案がまとめられています。教育内容の不備な養成校が乱立することのないようにすると共に資格を設け、一定の基準に基づいて認定された動物看護師を社会に送り出すことを検討しようとするものでした。

しかし当時はまだ、都心部と地方とで動物看護師への認識や、動物の飼い方などの考え方にも温度差がありました。

１９８９（平成元）年、日本獣医師会が地方獣医師会支部からの意見聴取を行い、公的資格の制定に取り組むには時期尚早であるとの結論が出されました。

しかし、80年代後半あたりから日本にはペットブームが起こり始め、動物とともに暮らす人は急増していきました。

たくさんの種類のイヌが日本に輸入され、特にマルチーズやシベリアン・ハスキー、シェットランド・シープドッグ、チワワ、トイプードルなど、テレビや漫画の影響で人気の犬種は時代により変わっていきました。

住環境の変化から、マンションで飼える小型犬の人気は特に高まりました。ヤマザキ学園は１９９４（平成６）年に学校法人として認可されましたが、同時に専修学校日本動物学院も認可され、動物看護師を目指す学生や資格取得者が増えていきました。

私は動物看護師の法制化に向けて、多くの検討がなされるべき時代の到来を感じていました。

２００３（平成15）年、日本獣医師会小動物委員会では「動物医療における動物看護師のあり方について」の検討や、関係官庁等へ要請する動きが始まりました。

今後の診療補助行為、つまり動物看護師の業務範囲を明確化すること、動物医療に関わる補助者の要請や認定のあり方をまとめた報告書が提出されています。

この報告書をもとに、「いわゆる動物看護士の現状と課題」として整理されたものが、日本獣医師会が発行する雑誌に掲載され、関係者間における協議の推進を求めました。

２００５（平成17）年には、農林水産省の「小動物獣医療に関する検討会」で獣医療補助者（＝動物看護師）についての検討の取りまとめが行われました。

ここでは動物看護職のライセンス認定の現状における課題が指摘されていました。「民間資格は団体ごと、独自の基準で認定するためその知識や技術レベルが必ずしも一定ではない」ということです。


実際、動物看護師を養成する教育機関も1年制から3年制まであり、カリキュラムの内容も機関ごとに異なっていました。

そのため、卒業生の技術に応じて現場で教育をしなければならないといった課題がありました。日本獣医師会では、獣医療の高度化を考えたときに補助をする役割の重要性については理解をしていました。

ただ、動物看護師を社会的にも安定した職業として確立するためには、教育機関や認定団体、獣医師団体が協調し、教育水準や認定基準をより高いレベルで均等にすることが必要であると提言したのです。

そのこと自体は、もっともなことです。しかし私が驚いたことは、当時動物看護を行う者の業務範囲が明確化されていないことなどを理由に、公的資格（国家資格）とすることは現状困難である、と報告されていた点でした。

当時、専門学校での教育は公的資格の対象外とされていましたが、現実としては多くの専門学校卒業生が動物病院で活躍していました。

のちに私と一緒に法制化に向けてチームを組み活動することになる、国際動物専門学校を運営する学校法人シモゾノ学園の下薗惠子理事長も、このときの報告には悔しい思いをされたと回顧していらっしゃいます。

大きな転機となった「50周年記念式典」

私自身、以前から動物衛生看護師を公的資格にしたいという考えはありつつ、まだ具体的に着手ができていないという状況でした。

本格的に動き出したきっかけは２０１７（平成29）年、ヤマザキ学園創立50周年の節目のときでした。

12月に開催した記念式典には、３００名を超える来賓の方々が学園の記念すべき節目の年をお祝いしてくださいました。

そして、日本獣医師会の藏内勇夫会長より動物看護師の国家資格化を進めようと力強いご祝辞をいただきました。

それに続き、元厚生労働大臣で旧友でもある衆議院議員の塩崎恭久先生、参議院議員の山谷えりこ先生、衆議院議員の高木美智代先生、参議院議員の片山さつき先生より、ヤマザキ50年の念願である「動物看護師の国家資格化」を実現させようと応援メッセージが続きました。

動物看護教育のパイオニアとしてお墨付きをいただき、いよいよ動くときがきたと感じました。

年が明け、塩崎恭久先生とお食事をしているときに、先生から「国家資格化はどうなっているの」と質問され、「協議会が始まっている」とお答えしたところ、その会にしっかり参加して状況を報告するように言われました。

私はアドバイスにしたがい、少しずつ具体的な行動を起こしていくこととなりました。

塩崎先生と知り合ったのは、30年以上も前のことです。私の友人が主催するパーティーでご紹介いただいたのが最初でした。

塩崎先生はきっと私の性格などもご存じなので、国家資格化へ向けて動きたい気持ちはあるものの、政治の世界に不慣れな私が動けないのを見てやきもきしていたのでしょう。

ヤマザキ学園創立50周年記念式典の様子

まず私が動かなければサポートのしようがないと仰りました。応援してくださる気持ちを強く感じながら協議会へと出かけたのを覚えています。

法律をつくるには、関係各所にパイプを持ち協力して進めていくこと、人脈を築いていくことがとても大切になります。

あるとき塩崎先生に、どなたに相談したらよいのか尋ねたところ「森本君を紹介してあげる」と言われました。

森本君とは、環境省の森本英香（もりもとひでか）事務次官（当時）のことでした。森本事務次官はお忙しい合間を縫って、わざわざ朝早く8時半には、渋谷キャンパスまで打ち合わせに来てくださったり、メールや電話でもご相談させていただいたりしました。

農林水産省との足並みがなかなか揃わず困っていたときに、農林水産省の事務次官とお話する機会を作ってくださったこともありました。誰に、どのようなご相談をすべきか。細かいことまで丁寧にご指導くださる森本事務次官を紹介してくださった塩崎先生には、とても感謝をしています。

塩崎先生は愛媛の議員さんなので、議員会館の先生の事務所に伺うと色々な種類のみかんが置いてあり、ロビー活動の合間にお茶をいただいてほっと休ませていただきました。

2006（平成18）年、日本獣医師会に「動物診療補助専門職検討委員会」が立ち上がりました。

そもそもこういった検討会というのは、獣医療の課題について検討する会議であり、獣医師の視点からとらえられたものでした。

議題としては、たとえば、獣医療が高度化するにあたり各分野の専門医を育成すべきであるとか、飼い主が獣医療に関する情報を適切に入手できるよう広告規制の緩和が必要ではないか、というようなことを話し合います。

動物看護職は当時、「獣医療補助者」と呼ばれていました。委員会においても「獣医師の補助スタッフとして、知識を持つ専門職が必要」とされていました。

そうすれば、獣医師の仕事は軽減される、ということです。しかし、動物看護師から見たら、自分たちは補助職ではなくひとつの独立した職業であるという強い思いがあります。

人間の医療で医師と看護師がチームになって取り組むことと同様に、動物医療においても獣医師だけで対応できるものではないとヤマザキ学園では考え動物看護教育を行ってきました。私はかつて、自分が飼っていた犬を動物病院に連れていってレントゲンを撮ってもらったとき、獣医師と動物看護師では立場や行動範囲が随分違うのだなという思いを持ったことがあり、動物看護師の社会的地位を向上させるためには、まずは動物医療において、動物看護の職域を明確にしていく必要があることを痛感しました。

どこまでが看護職の領域かという線引きについては法律にゆだねられる部分が大いにあります。

私は大学の経営者ではありますがその前に教育者ですので、政治の世界に深く関わるような経験はなく、母にも「あなたは政治の世界のおつきあいは向いていないから、やめた方がいい」と言われました。

しかし国家資格化を目指すにあたり、そのようなことももはや避けられない道だと感じていました。

そして議員の先生方をお訪ねし、ご賛同いただきながらひとつひとつ法制化に向かって、慣れないロビー活動を始めることになったのです。

業界、政治にはたらきかける

２００８（平成20）年、参議院予算委員会において公明党の現代表である山口那津男議員は、これだけ人と一緒に暮らすイヌやネコの数が増えているのにもかかわらず動物看護師の法的整備がされていないことについての指摘をし、制度化について考えなければならないという意見を述べてくださいました。

公明党では小動物の動物看護師の将来的な国家資格化、または免許制度の創設に向けた検討を、プロジェクトチームを作り活動を始めました。そのプロジェクトは、メンバーは入れ替わるものの消えることはなく、２０１７（平成29）年には衆議院選挙におけるマニュフェストとして動物愛護管理の推進を掲げています。

２００９（平成21）年には一般社団法人として日本動物看護職協会が設立されました。この組織は職能団体で、動物看護に関する学術や教育の発展、動物医療における動物看護職の職域の確立を図ることを目的としています。

山根義久(やまねよしひさ)先生が日本獣医師会の会長になられて、2006(平成18)年3月の日本獣医師会・日本獣医学会連携大会(つくば)において、民間の3団体が動物看護師の資格について発表する機会を与えていただきました。

その日、1000人も入る誰もいない広い会場で、この先10年で動物看護師を国家資格にするので、協力してほしいとお声がけいただきました。

公益財団法人動物臨床医学研究所の会に私の代理で参加していた井上留美(いのうえるみ)さんの他、その会に出席していた動物看護師さんたちを発起人として2009(平成21)年動物行動学の権威である東京大学の森裕司(もりゆうじ)教授を会長に、私の母校の麻布大学の太田光明(おおたみつあき)教授を副会長に日本動物看護職協会が設立されました。

2009(平成21)年私は、現在国立科学博物館の林良博館長が議長を務める、環境省中央環境審議会動物愛護部会の臨時委員に就任しました。

動物愛護及び管理に関する法律を管轄する環境省とは、それ以来年月をかさね信頼関係を築いてきました。

国家資格化を積極的に主導してくださった森本事務次官をはじめ、多くの方々にご理解を得たことで私は前に進むことができました。ヤマザキ学園の卒業生には環境省に専門員として勤めている者もおります。

2009（平成21）年秋、動物看護師認定5団体の、一般社団法人日本小動物獣医師会、公益社団法人日本動物病院協会、日本動物看護学会、全日本獣医師協同組合、特定非営利活動法人日本動物衛生看護師協会による動物看護職統一試験協議会が発足され、2年間にわたり、2カ月に1回の定例会を続け、2012（平成24）年春、日本で初めてとなる全国11カ所で同日に統一試験が実施されました。

この試験にさかのぼること半年前、この5団体に次の5団体、公益社団法人日本獣医師会、公益社団法人日本獣医学会、一般社団法人日本動物看護職協会、一般社団法人全国動物保健看護系大学協会（2019年法人化）、一般社団法人全国動物教育協会が加わり、一般財団法人動物看護師統一認定機構（2016年法人化）が設立しました。

国家試験は国または指定試験機関が行うため、法制化をうけ、2020（令和2）年

2月27日に一般財団法人動物看護師統一認定機構が農林水産大臣及び環境大臣により、愛玩動物看護師法に基づく指定試験機関に指定され、国家試験及び予備試験を行うことになり、私は、指定機関担当の業務執行理事及び指定機関準備委員会委員長を仰せつかりました。

国家試験は法制化から5年以内には実施できるよう、必要な規定の整備、試験科目、試験会場、受験料をはじめ、国の定めた講習会、予備試験など準備しなければならないことが山積みです。

指定機関となったことで指定機関準備委員会は国家試験及び予備試験運営委員会となりました。

２０１２（平成24）年は、動物看護師に関する見方が大きく変わった年です。「動物の愛護及び管理に関する法律等の一部を改正する法律」（動物愛護法）の附帯決議において、動物看護師の職業が将来的な国家資格、また免許制度をつくることについて検討を行うことが盛り込まれたのです。

附帯決議項目には「動物看護師（仮称）については、本法の改正に伴い業務量が増大することが予想される獣医師の補助者として果たすべき重大な役割及び責任に鑑み、資格要件の基準の策定及び技術向上に向けた環境の整備等を関係府省間で十分な連携を図りながら行うとともに、将来的な国家資格又は免許制度の創設に向けた検討を行うこと。また、動物看護師を含む動物取扱責任者の資格要件についても早急に整理すること」と明記されました。

日本の国の動物に対する考え方が同じ方向を向き始め、またそれにより動物看護師の必要性が明確になった証であると考えられ、大変感慨深いものがありました。

私は環境省中央環境審議会の動物愛護部会の委員を２０１７（平成29）年2月まで8年間務めましたが、２０１２（平成24）年の法改正は動物看護師の職域を広げる附帯決議を入れていただいた記念すべき年になりました。

２０１３（平成25）年には、衆議院の予算委員会で、元厚生労働副大臣である公明党の高木美智代議員より、動物看護師の国家資格についての質問がなされました。

高木先生は「動物なくして人は生きられない」というお考えのもと、動物愛護法の改正などにも関わり積極的に活動をされてきた方です。

大臣に対して動物の果たす社会的役割と動物医療をめぐる課題についての答弁を求めるとともに、2年前の東日本大震災において、人にとってどれほど動物の存在が大きいものか改めて認識されたことについて話されました。

自然災害などで飼い主の元に戻れなくなった家畜やペットが野生化することで起こる感染症発生の危険について、またペットは家族の一員として大切な存在であること。

家庭動物の飼育が増えることで保健衛生の向上に対する社会的関心が高まり、動物の診療に対する飼い主からの要請も高度に、かつ多様化していること。

こうしたことから動物医療の世界で専門職、国家資格であるのが獣医師唯一という状況は異常である。

さらに、動物看護師の視点から見ても確たる資格がないため、専門知識がありながらも信用されない等、早急に明確な資格、つまり国家資格化が必要だと発言してくださいました。

そして現状を的確に把握するため、動物看護職の養成を実施している大学、専門学校などの教育状況について実態調査を行うべきだという考えのもと予算をとってくださり、日本動物看護職協会が報告をまとめました。

２０１４（平成26）年11月には、自由民主党に「ペット関連産業・人材育成議員連盟」が発足し、鈴木俊一（すずきしゅんいち）先生が会長を、片山さつき先生が事務総長を務めてくださいました。

議連の名前には「人材育成」という言葉が入っています。つまり動物看護師の育成と国家資格を考える議連ということで、日本の動物看護師の国家資格化は、この議連で始まりました。動物看護師の法制化は、日本獣医師会顧問の北村直人先生の指令のもと、片山先生の事務所から３人のロビー活動が開始されました。

その後、片山先生が２０１８（平成30）年に内閣府特命担当大臣になられたことを受け超党派の議員連盟が発足することになり、私も立ち上げから参加しました。

片山先生がよく言われていたのは「ＡＩが浸透し、人の手がいらなくなってくるこれからの社会でも、ペットを飼っている人がいなくならない限り、飼い主に寄り添う動物看護師という仕事がなくなることはないでしょう」ということです。

この言葉は私にとってとても心強く、励まされたものでした。また、当初この法制化に向けてやや慎重な動きを見せていた農林水産省にかけあってくださったのも片山先生です。ネックとなっていた獣医師法の改正をせずに法制化ができるよう進みましたのも片山先生のおかげと感謝しております。

農林水産省と環境省両省で愛玩動物看護師法を制定する動きは加速しました。昨年、片山先生は「ペット関連産業・人材育成議員連盟」の委員長に就任されました。

私は、ペット関連産業界において愛玩動物看護師の職域がますます広がると考えています。ペットフードメーカーやペット用品販売、ペット保険をはじめとする大手企業さらにはチェーンドラッグストア協会などには法制化に多大なるご支援をいただき感謝申し上げると共に今後も業界とのネットワークを大切にしたいと思っています。

２０１６（平成28）年、私は環境省から「平成28年度 動物愛護管理功労者表彰」を受賞しました。

環境省では動物愛護週間（毎年9月20日～26日）の行事の一環として、動物愛護とその適正な管理の推進に関し顕著な功績のあった人物や団体に対して環境大臣表彰を行っ

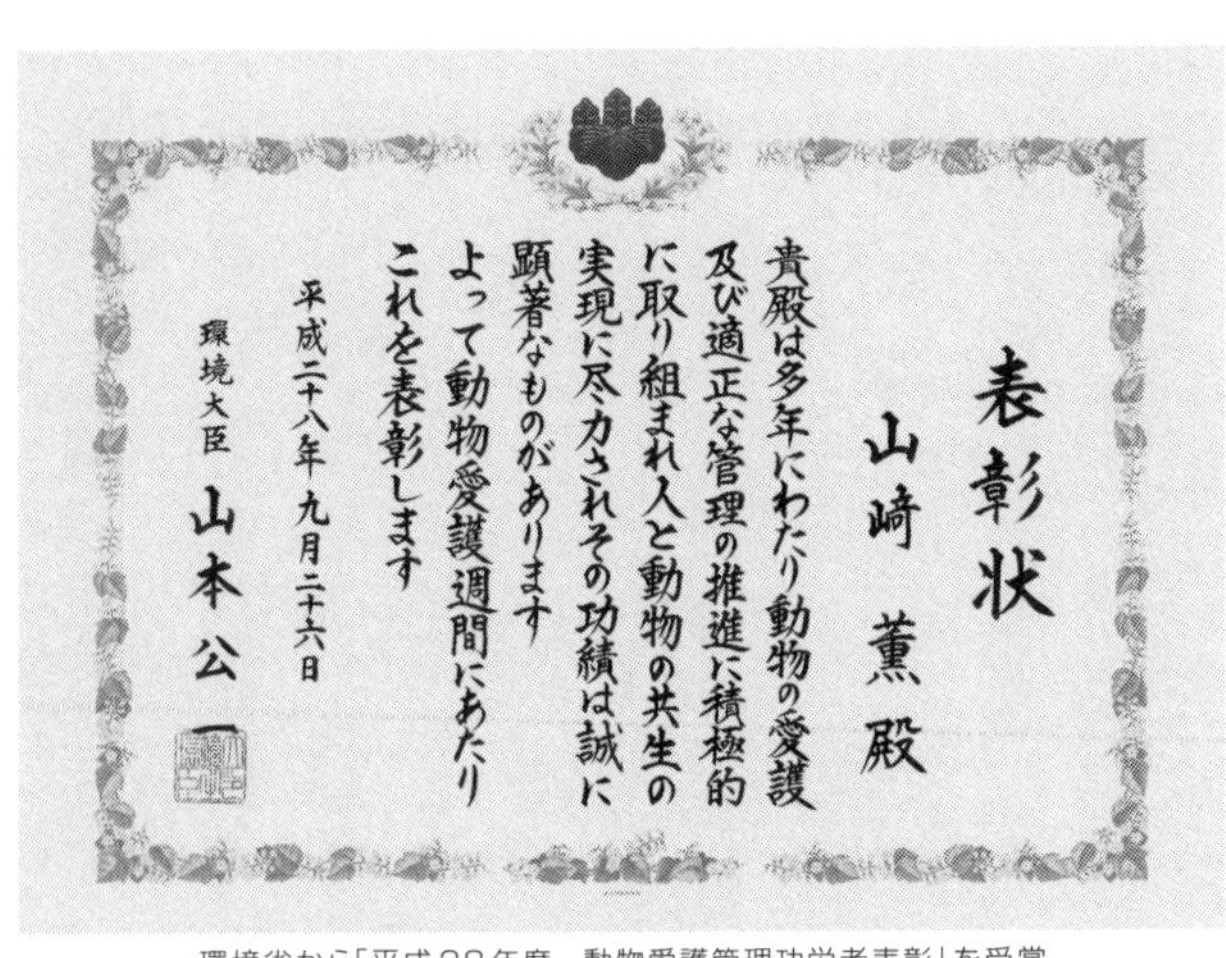
表彰状

山崎 薫 殿

貴殿は多年にわたり動物の愛護
及び適正な管理の推進に積極的
に取り組まれ人と動物の共生の
実現に尽力されその功績は誠に
顕著なものがあります
よって動物愛護週間にあたり
これを表彰します

平成二十八年九月二十六日
環境大臣 山本 公一

環境省から「平成28年度　動物愛護管理功労者表彰」を受賞

ています。

私は2000（平成12）年に公益財団法人日本動物愛護協会の評議員を経て2002（平成14）年より現在まで理事を務め、動物愛護の精神を普及啓発する活動を行なったことや、1995（平成7）年1月に発生した阪神淡路大震災、2011（平成23）年3月の東日本大震災、2016（平成28）年4月に発生した熊本地震において被災動物支援の功績を認めていただきました。

また、1999（平成11）年、16年ぶりに「動物の保護及び管理に関する法律」が、動物が命あるものと明文化され「動物の愛護及び管理に関する法律」となり、ヤマザキ学園ではその年を日本で動物が初めて市民権を得た「動物愛護元年」と称し、翌年の2000（平成12）年に開催された「第1回朝日動物愛護シンポジウム（テーマ：動物愛護と青少年の教育を考える～動物たちが教えてくれること～）」に協賛しました。

このシンポジウムはその後名称を「ヤマザキ動物愛護シンポジウム」と改め、2019（令和元）年までに計8回開催しております。

長年にわたりヒトと動物が共生できる平和な社会への構築を目指してきた活動を評価してくださったと、この受賞を嬉しく光栄に思っています。

動物看護師国家資格化推進委員長に就任

2018（平成30）年5月8日、日本獣医師会の藏内会長、酒井健夫（さかいたけお）副会長、北村顧問の3名からご指名を受け、日本動物看護職協会に「動物看護師国家資格化推進委員会」が発足し、動物看護職協会横田会長のもと、私はその委員長を拝命しました。

副委員長は下薗先生が引き受けてくださり、私たちの主張を政治家の先生方にはたらきかけるロビー活動を始めることになりました。

実は私は、委員長を務めるのは大変荷が重く、何度かお断りをしました。しかし、酒井副会長から私には大学の代表として、下薗先生には専門学校の代表として横田会長を支えてほしいと説得され、そして藏内会長からは、議員経験のある日本獣医師政治連盟委員長の北村先生の指示にしたがって活動すれば大丈夫、あなたならばできるから、「教育者としての立場から頑張ってほしい」と励まされ、覚悟を決めて引き受けました。

一般社団法人 日本動物看護職協会
動物看護師国家資格化推進委員会

委員長 山﨑 薫
Kaoru Yamazaki

一般社団法人 日本動物看護職協会
〒114-0015 東京都北区中里1-15-4 情報館3階
TEL 03-5834-7758　FAX 03-5834-7759

すでにできていた名刺

そうして北村エンジェルスが始動することになりました。驚いたことに、その日のうちにその後大活躍する名刺を100枚手渡しされ、用意が良いことに驚きました。

最初の北村先生のご指示は、関係者のみなさまへ国家資格化に関するご支援をお願いするために、衆議院第1会館、第2会館、参議院会館の自民党全議員の事務室を全て訪ねるようにとのことでした。

横田会長が趣意書を作成され、3人で相談しながら「賛同書」や資料などを用意しました。

議員の先生方お一人お一人の部屋を訪ね、活動の目的をお話ししたうえで資料をお渡ししました。この趣意書には、全国には1万を超える動物病院があり、そこで多くの動物看護師が活躍していることや、動物看護師を養成する教育機関では機構が推奨したコアカリキュラムが整備され、資格を取得した2万人を超える人々が認定動物看護師として登録されている現状を盛り込みました。

そのなかで、念願であった動物看護師の国家資格化を目指して始めた活動が沢山の賛同を得て大きく前進していることをご理解いただき、ご支援をいただけるようお願いをいたしました。

はじめは自由民主党のすべての先生方へ、さらに議連が超党派として動き始めてからは、公明党はもとより、立憲民主党、国民民主党、日本共産党、日本維新の会へも、さらには環境委員会の先生方などにもご挨拶に伺い、法制化に向けてご協力を依頼し、衆議院と参議院で法制化が成立するように活動をしていきました。

ロビー活動で私が思いを込めてお話ししたのは、次のようなことです。

・今や犬猫の数は15歳未満の子どもの数より多いということ
・少子高齢化が進む日本にとってコンパニオンアニマルは人の生活に喜びを与え、欠かせない存在であること。たとえば高齢者がイヌと一緒に散歩をすることがいかに健康に良いことか、アニマルセラピーもエビデンスに基づいて効果が実証されていて、社会から需要が高まっていること
・動物病院も50年前と比較して格段に増え、そこには必ず、チーム動物医療に獣医師のパートナーとして動物看護師がいる時代であること
・欧米、オーストラリアではすでに国家資格を持った動物看護師が活躍していること
・日本のペット関連産業は今や1兆6千億円に届こうとしており、そのなかで動物医療は4千億円ほどを占めること。これからもなお、市場は伸び続けるであろうこと
・ペットフードメーカーやペット保険、ペット関連リゾート、介助犬や盲導犬、聴導犬を育成するなど、動物関連の団体などでも動物看護師が活躍しているということ
・この50年の間に動物看護教育は専門学校、短期大学、大学まで教育制度が整ってきているということ

以上のようなことを、資料を作りながらチームで手分けをしてお話ししてまわったのです。

途中、足を痛めて車椅子で移動したこともありました。人間の看護師さんも、活躍の場は病院内にとどまらず、在宅ケア行う訪問看護師や保健師、助産師と活躍の場を広げています。

動物看護師もそれと同じことだという、私が昔から抱いている思いを丁寧にお伝えしていきました。お会いした議員の先生方、誰一人として、動物看護師の資格整備に対し反対される方はいらっしゃいませんでしたが、沢山の質問を受けました。

これまでの民間資格の整備、日々の研鑽、動物看護師の働きなどは、少しずつ社会に理解されていたのだと感じました。

女性の働き方のひとつとして、動物看護師という職業に大変興味を持たれた議員の先生方もおられ、ヤマザキ学園の校舎を見学に来られた方もいらっしゃいました。私はこの活動をする際、いつもジャケットにイヌやネコの大きなブローチをつけていました。議員の先生方にも「ワンちゃん飼っていらっしゃいますか?」「ネコちゃん飼っていらっしゃいますか？」とよくお聞きしました。

動物が好きな先生方がたくさんいらっしゃることが分かり、お話もずいぶん盛り上がったものです。

どなたがどんな犬種を飼っていらっしゃるか、どんなネコを飼っていらっしゃるか、忘れないようにメモしたりもしていました。

エレベーターで乗り合わせた議員さんにも臆せず話しかけました。テレビでお顔を拝見していますので、すでに知り合いのような気持ちになってしまって。

そのおかげか、顔と名前を覚えていただくことができました。無事法案が可決されたのも、いつも胸元で見守っていてくれた動物たちのまなざしがあったからかもしれないと思っています。

超党派議連、いよいよスタート

2019（平成31）年2月20日、超党派による「愛がん動物を対象とした動物看護師の国家資格化を目指す議員連盟」の設立総会が開催されました。

「議員連盟」とは、国会議員が目的を持って結成する会の総称のことです。今回は名前のとおり、動物看護師の国家資格化を目的に結成されました。

片山先生の議連の流れから引き続き鈴木俊一先生を会長に、公明党の高木美智代先生が幹事長に就任しました。獣医師でもある自由民主党の山際大志郎（やまぎわだいしろう）先生もご出席されました。設立総会は、与党・野党を超えた議員の方々のほか、動物看護師認定機構を構成する団体の代表や、動物医療関係者や省庁の関係者が多数出席しました。

総会では、需要が高まる動物看護師の国家資格化により動物たちの健康や安全の確保をはかるとともに、動物の愛護、正しい飼養（飼い方）を進めることが述べられました。

横田淳子会長は動物看護師のおかれている現状とこれまでの歩みを説明し、国家資格の必要性を重ねて訴えました。

チーム動物医療の一翼を担い、動物愛護及び適正な飼養において高度で専門的な知識・技術をもつ動物看護師について、飼い主のニーズに応えるためにも早く法律を整備することを要請しました。

動物看護師国家資格化推進委員会の委員長である私も、教育者としての視点から国家資格化の重要性をお話しさせていただきました。

教育がグローバル化していく今、アジアで初めて日本で動物看護師が国家資格を持って正式に働くことの意義や、ヤマザキ学園が創立時から50年にわたり国家資格化を目指し動物看護師養成の道を大学教育まで切り拓いてきたこと、創始者の後を継ぐ2代目として、私には次世代にこの教育をつなげていく責任があることなどをお伝えしました。

下薗先生は専門学校における教育の高位平準化について熱くお話されました。こうして、衆議院の法制局による骨子案および条文化の早急な作業をすすめ、動物看護師の国家資格化はいよいよ現実のものとして見えてくることになったのです。

法制化前夜、事件は起こる

2019（令和元）年6月7日に衆議院に提出された愛玩動物看護師法案は、環境委員会の採決を経て、本会議でも全会一致で可決されました。

そのときはただただ嬉しく、スリーエンジェルスの横田会長や下薗副委員長、また日本獣医師会の顧問であり多くのご指示やアドバイスをくださった北村先生と握手をして涙して喜び合いました。

しかし一方で私には、暗雲が立ち込める予感がありました。ひとつは、その会期に環境委員会で通したい法案が愛玩動物看護師法のほかにも2つ、計3つあったこと。会期は6月26日まででしたから、時間に余裕があるとはいえません。

もうひとつはその頃、社会的にそれらの審議よりも優先されそうな事案があり、愛玩動物看護師法の審議は臨時国会などへ後回しにされてしまうのではないか？　という懸念があったのです。

環境省でずいぶん前から進められていたマイクロチップの装着を義務付ける動物愛護管理法の改正が既に成立しており、本来は同時に愛玩動物看護師法も制度化させるべきだと考えていました。

全国のイヌやネコにマイクロチップを装着するのに、獣医師だけで行っていては膨大な時間がかかります。国家資格をもった愛玩動物看護師が獣医師の指示のもとマイクロチップを装着できることを、法律により明確にすることが必要なのです。

ただでさえ少し遅れているのだから、なんとしても今期中に成立させたい。正直なところ、焦っていました。そして、嫌な予感は当たります。

衆議院での審議を終えて参議院の環境委員会にかけられる当日の朝のことです。私たちは傍聴のため国会に出向いて待機をしていたのですが、なかなか案内の声がかかりません。

じりじりとして待っていると、待合室にある電光掲示板の予定表から、その日審議予定であった愛玩動物法律案の名称がふっと消えてしまったのです。

「え、何なの?」

会期の終了まで、あと何日もありません。血の気が引くのを感じながら、すぐに横田会長、下薗副委員長と相談をしました。

日本動物看護職協会から環境委員会を開催していただくよう嘆願書を出そうか、どなたにお願いすれば良いかなど話しましたが、3人ともあまりのことに呆然とするばかりでした。

翌日に作戦会議を行うことを約束して、その日は議員の先生方に会う気も起こらず、学園にも寄らずに帰宅してしまったほどです。

夜はLINEでお互いに「日はまた昇ります」「体力勝負です、パワー全開で突進しましょう」「ご飯をしっかり食べてくださいね」などと励まし合いました。

元気を出すために可愛いスタンプを押し合ったりもしました。でも内心では、本当にどうしたら良いだろうか……と、とても寝てはいられないような心持ちでした。おふたりも同じだっただろうと察します。

翌朝、陽も昇らぬうちから、お二人に「起きてください」とメッセージを送り、私たち３人は朝から集まり、スリーエンジェルス作戦会議を開きました。

嘆願書を集めるか、それともじっと待つのが得策か……。環境委員会をすぐに開催していただくために、政治的観点からやって良いことと動くべきではないことがありますから、公明党の高木美智代先生にご連絡し、ご相談に伺うことにしました。

議員の先生方ももちろん状況をご理解くださっているので、１秒でも早く環境委員会が開かれるように動いてくださいました。

私もとても座ってはいられず、お忙しい時期に失礼だとは思いながらもお会いしたことのある先生方のお部屋を訪ね、再度ご挨拶にまわりました。

すると夕方、「明日、環境委員会を開催する」と動物看護職協会に連絡が入ったのです。万歩計を見ましたら、半日で７３００歩も歩いていて驚きました。

このとき、環境省の動物愛護管理室の長田啓（おさだけい）室長も議員の先生方に掛け合ってくださっていて、ばったり議員会館の地下通路でお目にかかったとき、お互い万歩計の数を見せ合いましたら、長田室長は私の倍以上歩かれていました。

本当にありがたいことだと感謝しました。こういう方たちのご努力のおかげで法制化が進んでいったのです。その夜、真夜中には高木先生から「明日はしっかりと発言しますよ」と優しいメッセージが届きました。

翌日環境委員会が開かれ、愛玩動物看護師法は無事可決されました。いよいよ、本会議です。ここで可決すれば新法が成立となります。

私は、初心にかえるつもりで真っ白いパンツスーツを着て臨みました。胸にはもちろん、動物写真家である岩合光昭（いわごうみつあき）氏が撮影した愛玩動物『ネコ』の大きな缶バッジ。国会議事堂に入ると、内装などすべてが珍しく、こっそりとあちらこちらを見回してしまいました。

エレベーターに乗ったり階段を上ったり下りたり……案内の方がいなければ、ひとりでは迷ってしまいそうな道を進み本会議場にたどり着きます。

扉をあけて広がる風景は、まるで劇場のようでした。ここで国の大切なことが決まるのだという荘厳な雰囲気がそこには確かにありました。

私たちが座る傍聴席は2階なので、議員の先生方がお仕事をされる議員席がよく見渡せます。天井を見上げると、美しいステンドグラスでできた天窓がありました。

参議院本会議場の様子

国会議事堂をつくる素材は基本的にすべて国産のものだそうですが、このステンドグラスと、扉のマスターキー、各階から郵便物を集めるメールシュートの３つは輸入しているのだそうです。

本会議場には、貴重品とメモ帳しか持って入ることはできません。携帯電話もロッカーに預けます。防犯上の理由なのでしょうか、傍聴席でも隣の人とは離れて座ります。

前の席には多くの報道陣がカメラを構えていました。片山先生や高木先生は席につかれる際、２階の私たちを見つけてくださったように見えました。

熱気というのでしょうか、そういった熱い

エネルギーが2階まで立ち上ってくるのを感じました。

審議を待つ間、横田会長と下薗副委員長がお水を飲みに席を立たれました。私は、おふたりの気持ちがとてもよく分かりましたがとても席を立つことはできず、ただじっと座っていました。

私は衆議院の本会議の日、手を握り合って可決を一緒に喜んだ北村先生の姿を探しました。

当日も傍聴に来られる予定だったのですが、お姿が見えません。どうしたのだろう……と心配をしていました。

後日伺ったところ、当日朝、体調を崩して入院されていたとのこと。

「法律の成立は命とのひきかえ、神のみぞ知る」とメールをいただきました。今回は可決の瞬間を一緒に喜ぶことは叶いませんでしたが、大事にはいたらず、安心しました。

賛成232、反対0

6月21日（金）のちょうどお昼頃だったでしょうか。

ついに新法「愛玩動物看護師法」が全会一致で可決され、成立しました。

私は国会議事堂にて、参議院本会議場の傍聴席で成立の瞬間に立ち会いました。

「賛成232、反対0」という全会一致の投票数を目にした瞬間は、喜びよりも先に法制化されたことによるその責任の重さに押し潰されそうでした。

第1回の国家試験へ向けての道のり、やるべきことを思うと、言葉を発することもできませんでした。国家試験は2023（令和5）年までに行われることが決まっていますが、内容については、現在精査中です。

ほかにも、実際に施行されるまでに決めなくてはならないことや整備しなくてはなら

投票結果を示す議場内の表示板

ないことなど、課題は数多くあります。

このとき私は、関係者のみなさまへすぐにお礼参りに行けるようにと、お手紙を用意していました。そこには、これまでの努力が報われた思いや法制化への大きな喜びに涙が出るような想いも書いてあったのですが、実際の私は全くそのような感傷に浸る余裕はありませんでした。

私は涙もろいので、こういう場面で涙が出ないのが自分でも不思議でした。身が引き締まるというか、日本の国民、飼い主、動物たちの思いを自分が代弁したのだという想いが頭の中を巡っていました。

こんな小さな自分が、なんて大きなものを

背負ってしまったのだろう。それは動物看護師たちや卒業生、学生たちなど、教育の道に入ってから出会った人たちに対する想いだけではなく、1回目の国家資格試験までは責任を持つのだという重みでした。

今思うとなぜ3人で一緒に喜ばないで、涙ひとつこぼせなかったのか不思議でなりません。国会の荘厳な雰囲気がそうさせたのかもしれません。

立ち上がれないほどの重みが、そのとき本会議場にいる私の肩におりてきたのです。それでも、国会議事堂を出ると梅雨の晴れ間のまぶしい空が目に入りました。晴れ晴れとした気持ちで傍聴券を片手に3人で記念写真を撮り、おまんじゅうや「令和元年」とプリントされたTシャツなど、お土産を買いました。

議員の先生方へお礼のご挨拶に伺うと、どの先生も一緒に法制化を喜んでくださいました。

先生方がお留守のお部屋でも、ヤマザキ学園のことを知ってくださった秘書の方も「動物看護を学んでいる学生さんにとっても良かったことですね」と言ってくださいま

国会議事堂前にて横田氏(中央)、下園氏(右)と

した。

足を棒にして歩いたロビー活動の意味があったと本当に嬉しくなりました。

なにより嬉しかった瞬間は、環境省自然環境局総務課 動物愛護管理室の長田啓室長と喜びを分かち合ったときでしょうか。

慣れないロビー活動、会期ぎりぎりの採決にハラハラしたこと、半日に７３００歩も歩いて先生方のお部屋をまわったこと。

泣いたり笑ったりしながら乗り越えてきたこれまでのことを、私は長田室長に褒めてほしかったのかもしれません。

スリーエンジェルスも一旦任務を解かれ、それぞれの場所へ戻ります。下薗副会長は、

参議院本会議の傍聴券

そのままお母様のお見舞いへ行かれました。「良い報告ができます」と嬉しそうなのがとても印象的でした。

ご自宅のある青森に帰られる横田会長は「やっと家の片付けができます、普通の生活に戻れるわ」と笑っていらっしゃいました。

私はというと、帝国ホテルで大好きなカニクリームコロッケをいただき、父に報告できる嬉しさをかみしめていました。父も生前、動物の保護及び管理に関する議員立法の法制化に尽力していましたので、成立の際は今の私のような思いを抱いていたのかもしれません。

家に戻ると驚いたことに、父の祭壇に大き

なお花のアレンジメントが飾ってありました。学園の職員達が法制化の情報を聞いてすぐに手配をしてくれたものでした。

それが私は本当に嬉しくて……祭壇に本会議傍聴のカードを置いて母と手を合わせ、父の夢でもあった動物看護師の国家資格化がついに成立したことを母とともに報告し、「近い内に、お墓まいりに行きますね」と声をかけました。

愛玩動物看護師法は、ヤマザキ学園の1万4千人を超す卒業生、現在、動物看護師として活躍されている方々、また動物看護学を学ぼうと考えている若い世代の期待に応える法律です。

真の職業人として自立するにあたり、新しい一歩となることは間違いありません。また、アジアで初めてとなる本法律の制定は、日本がペット先進国であるイギリス、アメリカ、オーストラリアなどに近づいたことにもなりました。

少子高齢化が世界でいち早く進む日本社会において、家族の一員としてのコンパニオンアニマルの存在はより重要な意味を持ち、獣医師や飼い主と動物たちをつなぐ「愛玩動物看護師」に求められる社会的役割と期待は今後一層大きくなるものと思われます。

何よりも私が嬉しかったのは、反対される議員が一人もいないなかでこの法律が成立したことです。自由民主党、公明党をはじめ、立憲民主党、国民民主党、日本共産党など、すべての党が賛成をしたこの法律は「日本のため、国民のため」と言い切れる法律となります。これは動物看護師の国家資格化に向けて一心に教育の道を歩いてきた私へのご褒美であり、勲章だと思っています。

法制化2日後の6月23日。ヤマザキ学園ではオープンキャンパスが開催されました。本学を訪れた多くの高校生、将来の動物看護師たちに速報として愛玩動物看護師法が成立し国家資格となったことをリーフレットにして配り、お伝えしました。

保護者の方々はもちろん、高校生の反応も大きく、注目度の高さを改めて実感しました。動物看護師が民間資格であったこれまでは、保護者や教師たちが動物看護師になりたいと言った生徒さんたちに「人間の看護師の方が良いのでは」とすすめることもあったと推測します。

これからはしっかりと動物看護学を学び、国家資格を取得して堂々と愛玩動物看護師として社会に羽ばたいてほしいと思っています。

祝賀会にて

国家資格化の記念に、ご協力いただいた議員の先生方をお迎えして東京明治記念館にて記念祝賀会を開催しました。

国会議員の先生方やその秘書の方、農林水産省、環境省など関係省庁の方をはじめ、ペット関連産業界より280名もの人が集った、華やかで喜びの声にあふれた「愛玩動物看護師法制定・動物愛護管理法改正記念祝賀会」でした。

会は、横田淳子会長によるご挨拶、悲願であった法の制定に尽力してくださった多くの方々へのお礼から始まりました。

令和第1号の免許制度として愛玩動物看護師法が制度化され、新たな時代が始まったことの喜びにあふれていました。下薗副委員長も、この十数年の間に全国の専門学校で動物看護師養成教育の高位平準化に取り組んでこられたことや、叶え難い念願とも言わ

東京明治記念館にて行われた記念祝賀会

れた動物看護師の国家資格化における感謝の気持ちを伝えられました。

乾杯のタイミングで私はグラスを持っていなくて……。

隣に自由民主党の「愛がん動物を対象とした動物看護師の国家資格化を目指す議員連盟」の事務局長を務めてくださった鬼木誠先生がグラスを持って立たれていたのですが、なぜか私は、それを私のために持ってきてくださったと勘違いして「ありがとう」と言ってもらってしまったのです。

私の秘書がそれを見て大変慌てたようで、鬼木先生に謝ってくれたのですが「山﨑理事長は、天真爛漫ですよね」と笑って許してくださったそうです。

鬼木先生は、政治家としてはまだお若い方ですが、愛玩動物看護師の必要性を深く理解され、今回の新法成立にあたり精力的に活動してくださいました。

フットワークも軽く、電車で移動されていたのに驚いたこともありました。事務的な細かいことまですべてしっかりとやってくださいました。

祝賀会での出来事をあとで秘書から聞いたとき私も冷汗をかきましたが、そうやって、政治の外の世界から来た、少し天真爛漫な私のことも大らかにサポートしてくださったみなさまのおかげで無事に国家資格化が成立したと思い、本当に感謝をしています。

私の役目は「教育」

私は動物看護師の国家資格化にあたり、政治に関わる活動ももちろん一生懸命に行いましたが（今だから言えるのですが、慣れないことが多く本当に大変でした……）やはり自分の役割として中心に据えていたのは、教育です。

国家資格化に向けて自分ができること、すべきことは、何をおいても教育の整備であったと思います。

２０１９（平成31）年、ヤマザキ学園は専門職短期大学を開学しました。専門職短期大学はペット関連産業界とともにつくる、今までにない教育機関です。

学内実習と動物病院や関連企業・団体等での臨地実務実習で教育と産業が結びつきます。早い段階から実務経験を通して学ぶことができるという教育の特色は、将来産業界を担う人材にとって重要なことです。

創始者が作り上げた資格制度を時代に合わせてブラッシュアップしていきつつ、私塾を学校法人化して専門学校、短期大学、4年制大学、そしてこの専門職短期大学と、より高度で専門的な知識が学べる場を整えていき、全国から集まる動物看護師を目指す学生たちにしっかりとした教育を行う。

そして一人一人が自信を持って社会に貢献できるように育て、私自身も学校も学生たちとともに成長し、卒業後もその進路を見守っていく。そのことが自分のいちばんの役割であると考えていました。

そしてヤマザキ学園が切り開いた動物看護の道は、日本において多くの教育機関を生み出すことにもつながりました。

今、動物看護師を養成する専門学校は数多くありますし、大学などの高等教育となった教育機関も増えています。

学部、学科、専攻、コースなど、学校によりかたちは異なりますが、獣医大学でも動物看護師を養成しているところもありますし、課外授業を受けた学生に認定動物看護師の受験資格を取らせているところ、人間の医療学部のなかに動物看護師のコースがある、という大学もあります。

しかし、ヤマザキ学園のようにまっすぐに動物看護師を育ててきた教育機関というのは珍しく、だからこそ動物看護教育のモデルとなっている自負もあります。現在それぞれの学校がそれぞれの特色を活かして動物看護師を養成しているという日本の状況が、この度の国家資格化の後押しになったことは間違いないと思っています。

今、動物病院の院長先生にお会いすると「ヤマザキの卒業生を紹介してください」と言われることが多く、とても嬉しく思います。私はヤマザキ学園の存在を社会に広く認識していただくことが、動物看護職の必要性を広めていくことになると信じて、パイオニアとして地道に教育の道を切り開いてきました。

長年続けてきた本学の動物看護教育がこうして目に見えるかたちで評価されるのを、私はとても嬉しく、誇らしく思っています。

Message

エンジェルス
から一言

from

一般社団法人
日本動物看護職協会
会長　横田 淳子

「生命(いのち)を見つめて」ご出版おめでとうございます。

ヤマザキ学園は創設以来、動物のスペシャリスト教育、特に動物看護教育に取り組まれ動物看護の向上にご尽力いただきましてありがとうございます。

また、この度の動物看護師の国家資格化「愛玩動物看護師法」の成立に対しまして、山﨑薫理事長には（一社）日本動物看護職協会の動物看護師国家資格化推進委員会委員長として苦楽を共に、寝食を忘れ、活動いただきまして誠に感謝申し上げます。

国会での法成立に向けて動物看護職の理解熟成のため多くの議員の方々に永年にわたる教育者の立場から熱く語られる姿が今でも心に残っております。

日本動物看護職協会が国に要請しておりました動物看護師の法整備は「愛玩動物看護師法」、国家資格免許制度として実を結びました。

ここまでの道のりも長く険しいものでしたが、動物看護師はこれから法のもとで新たな時代に入ります。

法ができてゴールではありません。

スタートに立てたばかりです。日本動物看護職協会はこれからも動物看護師の職の発展に努めていきます。そのためにも一人でも多くの動物看護師が職能団体の一員となり、力を貸していただくことが必要です。

おおきな輪となり、どうぶつの力、動物看護師の力を社会に発信していきましょう。

Message

エンジェルス
から一言

学校法人 シモゾノ学園
理事長　下薗 惠子

愛玩動物看護師法制定にご尽力頂きました関係者の皆様に、まずは深く深く感謝申し上げます。

私の国家資格化活動の原動力は、動物看護師養成専門学校として職の将来性や魅力を高める責任にあり、同時に私の愛犬たちが獣医療を受けた際に、いつも動物看護師の皆様が優しく温かく看てくださり私の心の支えとなり、獣医療における動物看護師の存在意義を痛感していることによるものです。

国家資格化最終段階の2年間は日本動物看護職協会に設置された動物看護師国家資格化推進委員会で山﨑薫委員長の下、副委員長を拝命し横田淳子会長と3人で連日議員会館通いをし、法成立直前の6月18日参議院環境委員会中止の瞬間から同会開催までの丸2日間は生涯忘れることがない時を過ごしました。

3人の連絡ツールであるLINEでは18日夜、意気消沈の文面、しかし翌朝6時過ぎには「お目覚めください。環境委員会を開いて頂くようお願いしましょう！」と奮起の連絡、議員会館と議事堂を走り回った迫力が議員の先生方に届いたものと確信しています。これぞスリーエンジェルスの粘りであり、また日本獣医師会と日本獣医師政治連盟の先生方の力強いご支援の賜物です。

これからが本番です。教育機関は更に教育のレベルと質の向上に挑戦し続け、優れた人材育成に努めなければなりません。

愛玩動物看護師達には獣医師と連携しつつ、専門職としてしっかりと自立し日本の動物看護を発展させて頂くことを期待しています。

ヤマザキプチ同窓会 ―2― JAHTA編

Theme 1

「薫先生と学園の思い出」

吉田 雅子さん（NPO法人日本動物衛生看護師協会／ヤマザキカレッジ1981年卒）

JAHTAでは経理会計業務、税務関係、その他資格認定のスケジュールや講習会のサポートを行い15年経ちます。私たちの時代はグルーミング実習がすごく多かった記憶があります。動物関係の職業は女性にとって先進的で、学生はとても前向きに授業を受けていました。その頃はワンちゃんを外で飼っている時代だったので、家の中で飼うときには、シャンプーやグルーミングも必要ですし、病気にも気を遣ってあげなければいけない。創始者の良壽先生は先駆者としてよくお考えになり、女性に向いている職業としての学校をつくられたことに尊敬しています。薫先生が授業に、アメリカナイズされたファッションでヨークシャーテリアのジャム君を連れてこられるのを見るのが楽しみでした。とても優雅で憧れの的でした。

薫先生：グルーミングが一般的ではなかった時代ですからね。私はファッションの専門学校を経て大学のクリエイティブアート学部を卒業しましたので、ロングスカートはいたり、ヒッピーぽかったり。「先生の授業、今度は何を着てこられるのか娘がいつも楽しみにしています」っておっしゃる保護者の方もいましたね。

髙橋　宏子さん（NPO法人日本動物衛生看護師協会／ヤマザキカレッジ1993年卒）

JAHTAのHPで情報を発信したり、セミナー申込の受付をしたり、ライセンスの試験問題や証書を準備したりしています。ヤマザキで学んだ中で、特にドッグトレーナーの授業で学んだ知識は子育てに役立ちました。子供にも「待て」とか言ってました（笑）。良壽先生が入学式のときに「みなさんにはいいお母さんになってほしい」とおっしゃいました。実際、私はどうだったのかは分かりませんが、子育てはあまり悩まなかったような気がします。子供も動物と一緒

だなと。薫先生との思い出で一番印象に残っているのは、学園への就職の面接の際に先生が「あなたのこと覚えているわよ。入学の面接のとき、ずっと私の目を見て話してくれた」と言ってくださったのが嬉しくて。今思い出しても鳥肌が立っちゃいます。

薫先生：子供に対しては、まずは「待て」を教えておかないといけませんね。道路に飛び出してしまったら交通事故に遭いますもの。また、特に赤ちゃんは言葉を話せないのですから。目で話したり、匂いで感じたりワンちゃんも同じですね。

別所 由美子さん（NPO法人日本動物衛生看護師協会／ヤマザキカレッジ1994年卒）

ヤマザキ学園の職員を退職後、子育てが落ち着いた頃からJAHTAでお世話になり、10年目になります。年間スケジュール計画、ライセンス会員の管理、資格認定事業に係る講習会の企画やセミナーの運営を行っています。自分の家で犬や猫を飼っているときも、今まで学んできた動物看護の知識がいかされているなと思います。また学園の職員時代に社会人の基礎を教えていただいたことも役立っていて、特に子供のPTA活動ではリーダーシップを発揮出来ました。ヤマザキの入社面接のときに、どういう仕事をしたいのか聞かれて、「動物看護師を国家資格にしたい」と言うとその場で薫先生と意気投合、是非一緒にやりたいという話になりました。それが本当に実現するなんてちょっと信じられません。あと、薫先生からラルフローレンのジーンズをいただいたこともよく覚えています。

薫先生：あの頃は、アニマル・ヘルス・テクニシャンの公的資格は時期尚早だと地方獣医師会から言われ、認可校にして、大学をつくらなくてはという中で、その頃の200人の新入生の名前を入学式までにすべて覚えた教務課の職員は、後にも先にも別所さんだけです。ジーンズ、そうでしたね。サイズの都合であげられる人が限られましたけど（笑）。

「国家資格化を受け、今後のJAHTAの民間資格はどうあるべきか」

吉田：職業・就職のための資格なのか、趣味・嗜好の資格かによっても異なってくるとは思いますが、社会的ニーズの高い分野で資格の需要が高まると思います。国家資格は専門職としてより高い水準を社会的に求められます。一方民間資格は、幅広い職域と、知識と技能を身につけ個々の可能性を引き出し、人と動物の共生社会に役立つ生活に密着した生涯学習に寄与するライセンスだと思います。

高橋：資格とは、特定の分野で世間や職場から信頼を得られる保証のようなもの。仕事で幅広い業務を任されたり、講師をしたり、知人から私的な相談を受けたりと活躍分野も広がります。厳格な認定基準がある国家資格と比べて民間資格は比較的取得しやすいため、今までもこれからも、柔軟な認定基準で、国家資格とともに多くの人が取得して活躍していくものだと思います。

別所：職業上必須な公的資格とは別として考えると、自由度の高い民間資格は『自分磨きの一つ』として今後も多様化し増えていくのではないでしょうか。例えば、愛玩動物看護師が子猫の育て方アドバイザーをやるとか。雇い主や飼い主にとっては、その肩書の信頼度に安心感が増すのではないでしょうか。

薫先生：民間資格にはいっぱい良いものがあります。その時代に合った資格を考えていく必要があります。動物以外の広い視点があっても良いですね。動物看護師がカルテをコンピューターで管理したり帳簿をつけたりと、関連する資格はいろいろあるでしょう。愛玩動物看護師となっても、付加価値として学びを深め、技を磨くためにも、講習会や新しいライセンスを提供することはパイオニアとしての務めだと思います。思い出しましたが、私は3人の結婚式

ソーシャルディスタンスをとっての対談

にも出席しました。交わりの深い卒業生がJAHTAの運営を手伝ってくれていることはとても心強く思っています。これからもよろしくね。

※JAHTAはNPO法人日本動物衛生看護師協会（Japan Animal Health Technicians Association）の略称です。

第3章

動物看護教育のパイオニア

看護はアートである

「共に育つこと」

教育をひとことで言うと、こういうことだと私は考えています。教える人と教わる人、双方がお互いを成長させていくことです。

ヤマザキ学園の創始者は日本の未来を考え、女性の職業人としての自立のために学校を始めました。

その想いに応えて多くの女性たちが動物のスペシャリストとしての資格を持ち、社会で活躍する道を拓き、固め、そして広げていきました。

学園を継承した私は、創始者の想いを叶えるために教育環境を整備し、動物愛護法の改正や愛玩動物看護師法の法制化にも関わってきました。

慣れないことばかりで、とまどうこと、迷うことの連続でしたが、動物看護師を養成しながら、気が付いたら自分も共に成長していました。その気持ちが教育とは何かという私の考え方のベースにあります。

日本の看護教育の先駆者として聖路加国際病院で院長を務められた日野原重明先生は、父を亡くし悩んでいた私に「看護はアートである」という哲学を諭されました。

日野原先生は聖ヶ丘協会（東京都渋谷区南平台）の山北宣久牧師（当時）よりご紹介いただいた方で、両親は先生を敬愛申し上げておりました。

学園継承で悩む娘を見ていられなかったのでしょうか、自ら本学園の「顧問になってあげよう」と言ってくださり、本学園の最高顧問として私を支えてくださいました。

先生がおっしゃるアートとは、一人一人の個性を宿す技のこと。たとえば音楽でも、音楽大学で同じように学び演奏会で同じショパンの曲を弾いても、演奏家によってパフォーマンスは全く違います。

看護もそれと同じだと日野原先生はおっしゃっています。動物看護は、言葉が話せない動物の『声なき声』に耳を傾け、動物を観察し、手をふれることから始まります。

サイエンスを看護にどう適用していくのか。そのための技を一人一人が磨いていくことこそ忘れてはならないと教えてくださいました。「看護はアートである」と。建学の精神「生命への畏敬」、教育理念「生命（いのち）を生きる」は、まさに日野原先生の哲学とつながるものです。

ヤマザキ学園は常に初心を忘れず、教育の質を高めていくことを一歩一歩地道に進めてまいりました。

学生を育て、教職員も育つ、双方が共に育つことを続けているからこそ、50年もの間、100％近い就職率を保てているのだと思います。

日野原先生は人の看護教育のパイオニアとして、専門学校から始まり、高等教育機関として短期大学、大学、大学院にいたるまで看護教育の道を切り拓かれました。学園が成長し、学校が新しく開学するたび大変喜んでくださいました。

２０１７（平成29）年7月17日、創立50周年を記念し開催した「ヤマザキ動物愛護シンポジウム」ではご講演をお引き受けくださっておりましたが、春に体調を崩され、当日はメッセージをおよせくださいました。

そしてシンポジウムの翌日、最期までヤマザキ学園を見守ってくださったように、105歳で天に召されました。私はこれからも日野原先生のお言葉「看護はアートである」という思想を学生たちに伝えてまいります。

今後の学生たちは「ヤマザキ学園で学び、国家資格を取得する」という明確な目標を持ち入学されるでしょう。

ヤマザキ学園が経営する3つの学校はどこで学んでも国家資格を取得することが可能です。しかし、決して国家資格の取得がゴールではありません。

一人一人が技を磨いていくこと。動物看護師が動物たちの代弁者となり、動物と飼い主と社会との懸け橋として成長し、人と動物の豊かな共生社会に貢献しながら、平和な社会を築いていくということは、一生をかけて究めるにふさわしい職業だと思います。

私には、サンフランシスコの大学生活を共に過ごしたジャム君というヨークシャーテリアがいました。

17歳のジャム君を私の腕の中で見送ったとき、息を引き取ったばかりのぬくもりの残るジャム君を私の手から受け取った動物看護師は、丁寧にシャンプーをし、頭に赤いリボンを結び花で飾って我が家に戻してくれました。

あのときの感謝の気持ちを私は忘れたことはありません。そのとき、動物看護教育の神髄に触れ、この道に進む決意を新たにしました。

国家資格化を後押しした
新しい専門職短期大学

創始者の意志を継ぎ、ヤマザキ学園は即戦力を養成する専門学校、高等教育機関として初めての短期大学を経て、教育と研究を究める4年制大学を開学しました。

国家資格を持った動物看護師が広く社会で活躍できるように、新たな学問体系を構築するチャレンジを積み重ねてきたのです。

そして2018（平成30）年11月、文部科学省より「ヤマザキ動物看護専門職短期大学」の設置認可を得ました（開学は令和元年4月）。「専門職大学・専門職短期大学」は、学校教育法において、実に55年ぶりとなる新制度の高等教育機関です。奇しくも、創始者生誕から100年という学園にとって記念すべき年に専門職短期大学第1号が誕生したことは、とても意味のあることだと思っています。

「すでに専門学校と4年制大学があり、以前に短期大学を開学・閉学しているのに、なぜまた新しく短期大学をつくるのか」とよく聞かれます。専門職短期大学設立に名乗りをあげることで、50年先、100年先の人と動物の共生社会を支えるペット関連産業を国がどう評価するのかを確認するための一つの挑戦だったのです。

新しい学校種である専門職大学・専門職短期大学が従来の大学・短期大学と大きく異なるのは、世界に通用する高い技術を持ち、産業界を担う人材養成を目的としていることにあります。これからの日本にとって必要な産業を農業・IT・観光に加え、日本独特の伝統文化、芸術、および高齢社会を支える介護やリハビリと考え、それらの分野からの申請が多いことを想定していました。

以前から私の大好きなファッションの学部が日本の国立大学にないことを憂いておりましたし、世界遺産の一つとなった和食のおもてなし学部とかを考えると、とても楽しい思いがしましたが、私が挑戦したのは、もちろん1兆6千億円にとどこうとするペット関連産業界に動物看護師の技がどう評価されるのか、日本に必要とされるのか、国と文部科学省に問うものでした。

初年度の設置申請を行った17校のうち、認可されたのは大学2校と、本専門職短期大学1校のみでした。教育の特色として、以下の項目があげられます。

・産業界との連携による教育課程の編成・実施
・授業の1／3以上を実習等にあて、3年間を通して、学内での実習450時間、学外（産業界）での臨地実務実習450時間を行う
・実務家教員と実務家・研究者を専任教員の4割以上採用する
・専門分野に加え、豊かな創造力の基盤となる関連する他分野をカリキュラム構成すること

認可されたのは、『高知リハビリテーション専門職大学　リハビリテーション学部』『国際ファッション専門職大学　国際ファッション学部』『ヤマザキ動物看護専門職短期大学　動物トータルケア学科』の3校のみでした。

大学がアカデミックに研究を行う教育機関であるのに対して、専門職短期大学では在学中に産業界の現場で多くの時間を過ごすことから、産業界と消費者、動物をつなぐた

めの、今までにない新しい教育環境を学生たちに提供できます。就職を見据えた学びを行えるということです。ヤマザキ動物看護専門職短期大学に入学する学生たちは、ペット関連産業界（動物医療を含む）の現場で学びながら将来の進路を明確にすることができます。

本校に設立の認可がおりたということは、ペット関連産業の未来に対して、国からお墨付きをいただいたということになるのです。

第2章で、動物看護師の仕事が国家資格となった経緯についてお話ししましたが、そのことと、国が専門職大学・短期大学の教育制度をつくったことは実は結びついているのです。

産業界の長期的なニーズを国が認め、ヤマザキ動物看護専門職短期大学が設置認可されると、翌2019（平成31）年2月には超党派による議員連盟が発足。4カ月後の6月には愛玩動物看護師法成立と、事が一気に進みました。まさに専門職短期大学の開学が国家資格化を後押ししたといっても過言ではありません。

ヤマザキ学園はパイオニアとして日本の動物看護教育のモデルケース作りをしてきた

と自負しています。本学は東京で専修学校から大学まで教育機関を構築してきましたが、ヤマザキだけでは国家資格は目指せません。

全国で地域の特色を生かした質の高い動物看護の学校が増えていくことと大学教育が行われていることが国家資格の法制化には必要でした。

日本中の動物たちは動物看護師さんたちを求めていました。新しい学校を作ろうとする方々がカリキュラムの相談や、施設の見学に見えました。

特に、高等教育機関として初めて3年制の短期大学が南大沢に開学した際にはその後何年にもわたり、専修学校や他分野の短大・大学が数十校見学にこられましたが、動物看護の短期大学は未だに1校もありません。

国内ばかりでなく、ヤマザキ動物看護大学には、韓国、台湾、中国をはじめ、アメリカ、オーストラリア、イスラエルなど、海外からも視察に見えます。

ペット環境、50年で様変わり

矢野経済研究所の調べによると、ペット関連産業の市場は年々ゆるやかに成長を続け、2021（令和3）年度中には1兆6千億円を超えると予想されています。

そのうち動物医療は約4千億円。少子高齢化が続く中で、飼い主が家族の一員であるペットにかけるお金は増えています。

フード、衣類、保険、生活用品、リゾート、お墓……まるで人間を対象にするのと同じような新商品やサービスが次々と市場に登場し、競争も激しくなっています。動物愛護に関する法律が整備され、動物医療が高度化したことで、人と同じようにイヌやネコも高齢化する時代がやってきました。

50年前と比較すると、まるで別世界のように感じます。

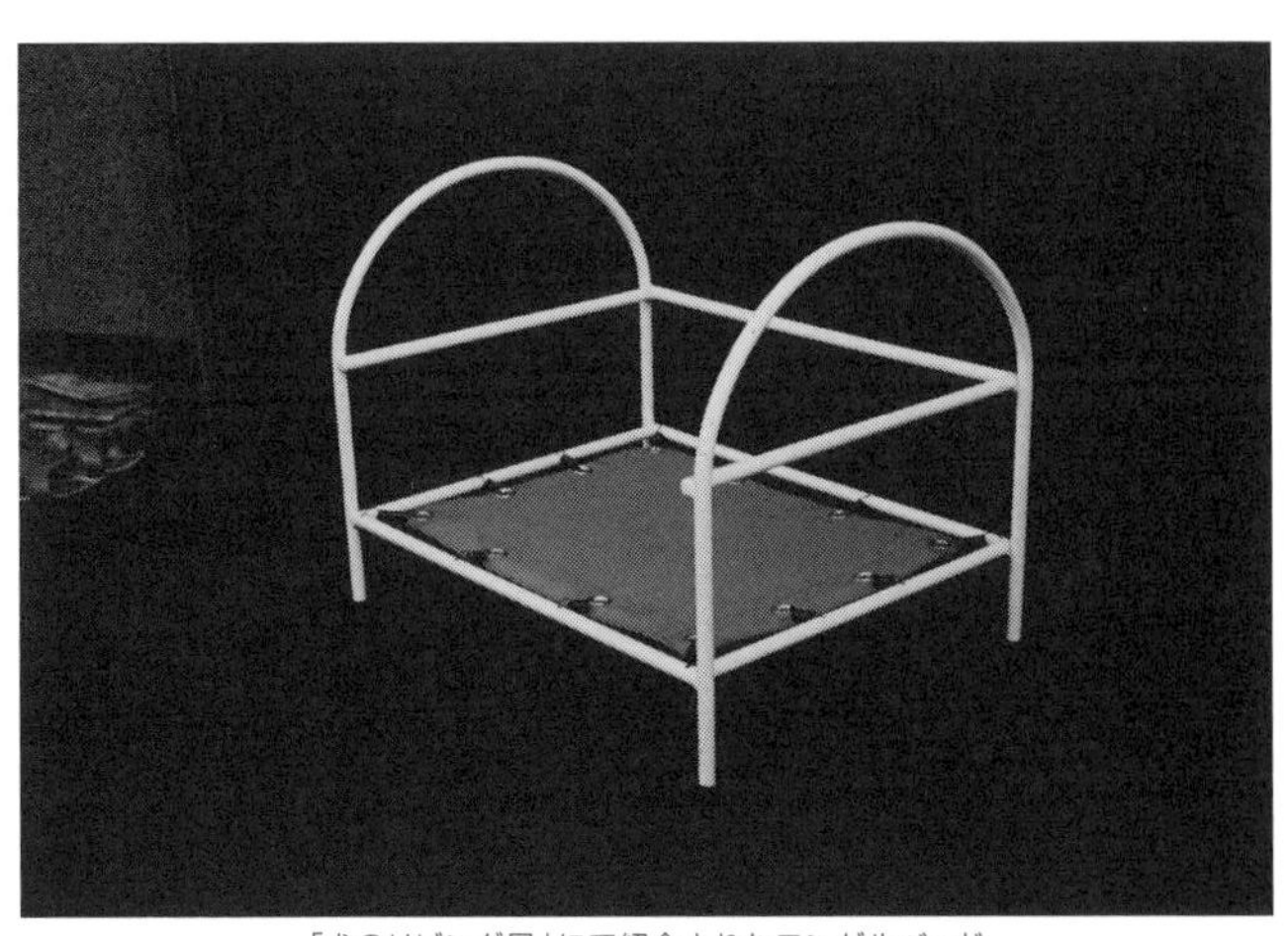
「犬のリビング展」にて紹介されたエンゼルベッド

1966（昭和41）年、ヤマザキ学園の創始者が渋谷駅、ハチ公前の大井ビルの4階を借り切りイヌの衣食住を紹介する「犬のリビング展」を開催しました。

日本の高度成長を背景にたくさんの洋犬が輸入繁殖されましたが、犬の正しい飼い方が浸透していない状況を憂いた父が企画したのです。

当時はイヌの洋服やおやつを売っているお店などはもちろんありませんでした。ではイヌの洋服をどのように調達したかというと、母や私の洋服を作ってくれていたファッションデザイナーに、同じ生地を使ってオーダーしたのでした。

今ではイヌのためのおしゃれな服がサイズ別に並んでいますね。お祭り用のハッピや、ウエディングドレスを見かけることもあります。

飼い主にとっては、子どもに服を選ぶような楽しみでもあるのでしょうし、高齢化するイヌのためには実際に暖かいコートや、雨から身を守るレインコートも必要ですものね。ペットフードにおいても年齢別や目的別、嗜好別に細分化し、おやつを含め、選ぶのに迷うほどの種類があります。

「犬のリビング展」は評判を呼び、この試みがニュースにとりあげられると、連日、会場は1階から4階までの階段に人が並ぶほどの大盛況となりました。さらには、グルーミングを習いたいと申し出る人が続出、1カ月過ぎるころには十分なマーケティングがほどこされ、イヌのスペシャリスト養成機関「シブヤ・スクール・オブ・ドッグ・グルーミング」のスタートにつながるのです。

こうしてペット関連産業が大きく華やかになっているのは確かですが、もしも今後ペットを飼う人が減ってしまうと、産業も当然廃れてしまいます。

私はなにをおいてもまず、人と動物が共に暮らしていくことは人の生活にこの上ない喜びと幸福をもたらすものと考え、生命（いのち）を尊ぶことこそが、平和な社会を築くことにつながると信じています。

そのためには、高齢者がペットを飼育できる環境づくりと、産業界が元気であることが必要です。イヌやネコの平均寿命はこの30数年の間に飛躍的に延び、10年生きれば長生きと言えた時代からイヌは14・44歳、ネコは15・03歳（一般社団法人ペットフード協会調べ、２０１９年12月23日発表）となりました。

しかし、それゆえに高齢者が「自分がペットの最期を看取れるのだろうか」という不安から、コンパニオンアニマルと暮らしたい気持ちがあってもあきらめるという現象が見られるようになっています。

ひとりで暮らす高齢者は、訪問看護や在宅ケアなどのシステムを利用することができますが、介護保険等で利用できるサービスには限界があるため介護士や看護師もペットの世話まではできないのが現状です。

生命（いのち）あるものがそばにいるだけで人は楽しく、多くの喜びを得られます。少子化だからこそ、兄弟姉妹が少ないからこそ、子どもたちが家族としてコンパニオンアニマルと暮らすことで生命(いのち)を尊ぶことを学びます。

自分より弱い立場のものを大切にすることはまさに、命の教育といえるでしょう。家庭でのいさかいも減り、笑い声も増えるでしょう。

高齢者が毎日イヌと一緒に散歩をする習慣があれば、健康寿命が延びるでしょう。

現在すでに、定期的に家庭を訪問する取組みを行っている動物の訪問ドクターもいらっしゃいますが、コンパニオンアニマルの訪問・在宅ケアができる国家資格を持った愛玩動物看護師のポテンシャルも高いと思います。

ペットの健康チェックや栄養指導はもちろん、伸びた爪を切ったり、よごれた個所を洗うなどのケアをしたり……。アドバイスを行う分野は多岐にわたります。

そして飼い主とのコミュニケーションを通して人の訪問介護と連携することができれば、地域の中で安心・安全のスキームが整うことになります。

つまり、高齢者がイヌやネコと暮らすとき、これまでは週1回の訪問介護だったところが、「動物たちのための訪問看護・在宅ケア」を加えることで週2回、3回とそのお宅に訪問することで孤立を防ぎ、高齢者の安否確認にもつながるのです。

専門職短期大学、開学まで

2010（平成22）年に、動物看護学の学士を取得できる初めての教育機関としてコンパニオンアニマルの看護に特化したヤマザキ学園大学が開学しました。

開学当初、1年生は渋谷キャンパスで、2年生から4年生は南大沢キャンパスで学んでいましたが、2016（平成28）年に南大沢キャンパス3号館が完成し、4年間南大沢で学ぶ一貫教育の体制が整いました。

そのようなわけで、渋谷キャンパス1号館が空き、1号館の活用についてのプロジェクトを発足し検討を続けていましたところ、新しい教育制度が立ち上がるというニュースが入ってきました。

私はそれを知ったとき、産業界と動物看護職が結びつくことは、国家資格化につながるだろうと、ピンときました。

松濤に空いた校舎がありますから、教育目的・目標を明確に、どのような学科編成が適しているのか、何年制にすべきか、カリキュラムはどうするのか、教員編成は等、今までの、専修学校、短大、大学設置申請の経験では対応できない前例のない新学校種の申請に挑戦することにしました。

先にお伝えしたとおり、ペット関連産業の未来に対する国の評価を確認するため、また動物看護師の国家資格化を進めるため、産業界を担う人材の養成のため、専門職短期大学設立の準備を始めました。ヤマザキ学園は動物看護教育のパイオニアですから、常に前例のないところを切り拓き、自ら道をつくる作業を進めてきました。

以前、日本初の短期大学認可申請のときも「動物看護学という学問はない」ということが認可への壁となり、私は10年の間、実に100回以上も当時の文部省に足を運び相談を続けました。

その間に動物愛護法が施行され、文部省は文部科学省となり、ペットを取り巻く環境が少しずつ変化していった経緯があります。立ちふさがる壁を一つ一つクリアし、コンパニオンアニマルの看護に特化した短期大学を開学したのです。今回の専門職短期大学申請も、認可へのハードルはかなり高いだろうと予測しました。

実務家教員の確保、高いレベルの臨地実務実習先確保、豊かな創造力を培うための「関連する他分野」のカリキュラム構成など、課題となるものが事前相談により見えてきました。

臨地実務実習先については、ありがたいことに学生1学年80人に対し、時期を分けて少人数までなら受け入れていただけますので、開学時点で動物病院165件、動物関連企業から160件あまりの実習受け入れの賛同をいただくことができました。

大学や専門学校でもいわゆるインターン実習というものはありますが、専門職短期大学で3年制教育に求められる学内450時間、学外450時間という質と量には到底及ぶものではありません。

多くの企業が、学生に求める能力に「創造力」「産業技術への理解」「コミュニケーション能力」をあげています。

学生は隣地実務実習を通して、自分の特性を活かし、自分の興味ある進路を選ぶことができます。

創始者が、大学の壁を取り払った教育をしたいと考えていたヤマザキ学園では、創立当初から、獣医大学のみならず、農林水産学の他、心理学、行動学、社会福祉学、美術などから、いろいろな分野のユニークな講師をお迎えしておりました。専門学校でも分子生物学、動物心理学、昆虫学、野生動物学など、博士号をお持ちの先生方がそろっていました。昔は大学というものは博士号を持って授業を行うという考え方が一般的な中で、非常勤の先生方は実務家の先生方が多かったのです。

他分野や企業からも非常勤講師を招聘しておりました。ヤマザキ学園では、教育はもっと自由なものだと考えておりました。

アッセンブリーアワーの授業では自校教育のほか、動物に関連するスペシャリストの先生方に講演をお願いしてきたことなど、今、振り返ると新学校種の考え方のベースとなるようなことを行っていました。実務家教員による授業の下地は整っていたのです。

難航したのは「関連する他分野」のカリキュラムでした。新学校種では、動物看護に関連する他分野を充実させることが求められていました。

実は、話は少しさかのぼりますが、4年制のヤマザキ学園大学を設立したときに「1

学部2学科」にしたいと考えていました。

しかし「動物看護学科」のみ認可がおり、1学部1学科でのスタートとなりました。もう1つ予定していた学科は、日本ではアニマルセラピーとして知られている「動物介在療法（アニマル・アシステッド・セラピー：AAT）」、「動物介在活動（アニマル・アシステッド・アクティビティ：AAA）」、「動物介在教育（アニマル・アシステッド・エデュケーション：AAE）」や人の生活を支えるアシスタンスドッグ（盲導犬・介助犬・聴導犬）を学ぶ、人と動物の共生分野の人の福祉に関する学科でした。

この学科が認可されなかったのは、まだ学問として科学的体系づくりがされていないということと、出口としての就職先が明確ではないという理由からです。

私たちには、動物と人の共生が学問体系のひとつとして認可されることが、動物看護職の職域を広げ、社会貢献につながるという信念がありました。

だからこそ2学科にしたかったのですが、仕方ありません。当時認可された1つの学科に、もう1つの学科に配置したかった科目を含めてカリキュラムを構成し、ゆるやかなコース制から2専攻へと教育内容を充実させていきました。

今回のコンパニオンアニマルの看護と産業界を繋ぐ専門職短期大学の申請にあたっては、アニマル・アシステッド・セラピー論とアシスタンスドッグ論の2科目を、関連する他分野のカリキュラムとして配置したのですが、文部科学省から「この2科目はヤマザキ学園のホームページを見ると動物看護学科の科目に入っているので、他分野とは認められない」と言われてしまったのです。明確に違う人の福祉の分野の教育だと考える私たちの主張は認められなかったのです。唯一、他分野のカリキュラムとして認められたのは「ジェロントロジー（老年学）」ただ1科目でした。

動物看護学に関連しつつ、さらに応用力・創造力を養う何を「展開科目」として配置すべきか。学内で改めて協議を重ね「少子高齢社会と人口問題」「高齢者心理学」「死生学」「社会福祉学」「産業論」「起業論」「消費者行動分析学」「IT社会論」「情報危機管理論」「災害・危機管理論」「医療安全」の計12科目をまとめ、この構成により無事認可を得ることができました。

予想だにしなかった展開に驚きはしたのですが、この協議を行うことで改めて私たちは、「展開科目」の教育にこそ、多様化するグローバル社会のなかで高度な技術を持って産業界を担っていく人材養成に欠かせない、新学校種としての重要な意味が込められていることに気がついたのです。

申請を行った17校のうち認可されたのは3校のみ、という厳しい状況のなか、唯一の専門職短期大学としてはじめて認可を得ることができたのは、この新学校種が目指す教育について深く理解・共感ができたこと、そして産業界の応援と協力のおかげです。

少子化で日本の若者が減るなか、専門職を育てる分野は、農業やIT、観光や医療・保険などの分野のはずです。いくら市場が成長しているとはいえ、ペット関連産業からの申請は想定外だったのかもしれません。実際に2018（平成30）年10月の大学設置・学校法人審議会の答申は「保留」でした。

継続審議のための追加書類を送り1カ月後、図書館を新設したり、専任教員の研究室を整備したりすることで、晴れて設置認可がおりました。

設立の主旨、専任教員の業績、人物、学生確保の見通し、そのためのアンケート等審議会にかけていただくため、膨大なファイルを文部科学省用、審議委員35人用と本学の控えを用意しなければなりませんでした。

提出用ファイルの山と記念撮影

渋谷校舎の教室が提出用の書類とファイルで埋まる、ということもありました。
そのあと文部科学省での面接審査や渋谷キャンパスでの面接審査、実地調査を経て認可にこぎつけました。
実はその時期、私の17歳の愛犬バンビが体調を崩し、自宅で介護をしていましたが、家に置いておくことが心配になり、学園までイヌのベッドにいれて通勤していました。
私が仕事中は、校舎に併設の「アニマル・メディカル・センター」内の動物病院に夕方まで預かっていただき、遅いときは深夜2時ごろまで、理事長室の私の机の脇にイヌのベッドを置き、時折、鼻を鳴らすバンビにシリンジでお水を飲ませながら申請書類を作りました。

ちょうど学園の50周年事業の準備とも重なり、職員も私もやる気と情熱でフルマラソンのつもりで走りきりました。

ラストスパートの頃は、みな遅くまで残業し、毎晩、東急百貨店のお弁当を一緒に食べたり、時には若い職員のリクエストに応えて、カレーや釜飯などのデリバリーを頼んだりしました。

書類の数はダンボール30箱以上。あまりに紙をさわったので、指紋がなくなってしまいカサカサになったくらいです。

その努力が実って本当に良かったです。ご賛同書をいただき、臨地実務実習先として引き受けていただいたペット関連企業のみなさま、私についてきてくれた教職員のみなさん、そして最期まで頑張った愛犬バンビに心の底から感謝です。

この努力と産業界からのご賛同が動物看護師の国家資格化に向かう道に希望の光をもたらしたと確信いたしました。

動物の生から死まで寄り添う

無事に認可がおりた専門職短期大学の学科名は「動物トータルケア学科」としました。動物と共に暮らすための住宅環境から、年老いた動物への訪問看護・在宅ケア、亡くなったら葬儀のご相談からグリーフケアや飼い主のペットロスまで。動物の生から死まで、生涯にわたり寄り添う動物看護師を養成するという私たちの意志が、学科名には反映されています。

産業界を担う人材を養成するために、産業界と共に教育を考えていきます。実習先は、これまで50年以上にわたり培ってきたネットワークによる多くの企業です。新学校種のコンセプトを理解・賛同し、バックアップしてくださる気持ちを強く感じました。

専門職短期大学の認可がおりたのは、動物関連産業界のおかげです。産業界のみなさまは、動物看護職の国家資格化に向けた活動をしていた際にも、快く賛同書を提出してくださいました。

ヤマザキ学園が目指す道や、社会へ送り出そうとしている人材への期待など、そのご賛同は心強い励ましの言葉をいただいたのと同じでした。

3年間の学びを終えた学生たちが、産業界と飼い主（消費者）と動物をつなぐ役割を背負ってペット関連産業（動物医療含む）に巣立っていきます。

動物に関する正しい情報を飼い主に伝えるとともに、人とペットの高齢化に対応し、必要性の高まる訪問看護や在宅ケアの知識も併せ持つ、次世代の産業界を担う愛玩動物看護師は、必ずこれからの産業界を盛り立てていくでしょう。

創始者も、同じ考えのもと教育を行っていました。

かつて、海外のドッグフードを扱うヒルズ・コルゲートの日本法人が発足したとき、初代代表取締役の越村義雄社長はすぐにアメリカから小動物栄養学の獣医師を招聘され、本学で授業をしてくださいました。

受講した学生たちが卒業後、それぞれの職場において、飼い主にドッグフードの正しい与え方を伝えたことでしょう。

もちろん、そのドッグフードの会社は本学の卒業生を採用してくださいました。産業界と教育を直結させることにおいても、ヤマザキ学園はパイオニアだったといえるかもしれません。

初めての専門職短期大学パンフレット

4年制大学、ついに2学科に

ヤマザキ学園に、日本で初めて動物看護学部を有する4年制大学が誕生してから今年でちょうど10年。

その教育が「実績」として評価され、ようやく2020（令和2）年7月1日「1学部2学科」が認可され、文部科学省より発表されました。2021（令和3）年から「動物看護学科」と「動物人間関係学科」の2学科として新たなスタートを切ります。

先にもお伝えしたように、4年制大学は設立当初から「1学部2学科」で教育を行いたいという考えがありました。

その理由は、動物医療を中心に生命（いのち）に寄り添うプロフェッショナルを育てることと、人と動物が豊かな共生生活を送るための社会貢献をする人材養成は分野が明確にちがうと考えています。

これは、学生の気持ちになってみればよく分かることだと思うのですが、同じように愛玩動物看護師の国家資格を目指している学生でも、進みたい道はそれぞれに異なります。

チーム動物医療に貢献したい学生もいれば、動物が亡くなる場面を見る仕事は辛いという人もいるでしょう。また、動物が生き生きと暮らすための商品開発や研究をしたい、動物の持つ癒し効果を人間の心身の機能回復に役立てるための知識・技術を学びたいという人もいるでしょう。若い人たちの夢は、それぞれにちがう色を持っています。

そうのような学生たちにより広い選択の機会を与え、専門的な教育研究をするのが本来の大学の務めでもあります。

これまでのように1学部1学科であったときは、2年次に2つの専攻から、以前は3つのコースから選んでいたのですが、2学科制になれば入学時から自分が進みたい道を4年間じっくりと学ぶことができます。

2学科体制は、これから愛玩動物看護分野を目指す高校生に対して、活躍できる場が多様な方向性を持っていることを示すことができます。

高校生は自分たちが進みたい道や、どういうことが好きで得意なのか、また苦手なのかということを自分自身でみなよく分かっているというのが私の実感としてあります。

将来への確たる目標や希望を持っている高校生は、自分に合った方向を選んだうえで、専門的な教育を受けられる「ヤマザキ動物看護大学」で学ぶ意味を必ず見出してくれるでしょう。

在学中は留学や別の道に進む学生もいますが、それでもよいのではないでしょうか。

私もアートの道から動物看護教育の道へと進路を変更しました。教育については、今後も時代の要求に応え、社会状況の変化に応じて柔軟に充実させていくつもりでいます。

もちろんどちらの学科で学んでも、現在日本で唯一の動物看護学部で学んだ学生さんたちには「愛玩動物看護師」の国家資格を目指していただきます。

国家資格を持った専門家をやっと日本の社会に送り出すことができるのですから。

アニマル・アシステッド・セラピー

近年、「アニマル・アシステッド・セラピー」という動物介在療法が学術的に注目されています。

私もメンバーのひとりである一般財団法人日本ヘルスケア協会では、ペットとの共生による人のヘルスケアについて調査を進めており、ペットと暮らすことは人の心や身体の健康にとって良い効果があることが分かってきています。

たとえば65歳以上のお年寄りの通院回数が、イヌと暮らしている人はそうでない人に比べて少ないそうです。これはイヌと暮らすことでストレスが減っているのだと考えられています。

血圧・コレステロール値を下げることや、イヌと散歩をすることで、イヌがいない散歩よりも副交感神経が活性化することも、研究から分かっています。

そしてペットとの暮らしにより健康寿命（平均寿命から、寝たきりや認知症など介護状態の期間を差し引いた期間）が延びることについて調査したデータによると、男性は0・44歳、女性は2・79歳も延びているという結果がでています。

さらにペットとの暮らしは子どもたちにも良い影響を与えていて、ペットがもたらすリラックス効果は向学心や集中力の向上につながっています。イヌがいる教室の方が、子どもたちは平均で約5分長く集中力が維持できたそうです。

人にとってペットは、信頼関係や愛情を込めたパートナーになります。そうすることで人から得られるソーシャルサポートと同程度の効果を得ることができるのです。もちろん、イヌだけではなくネコや小鳥、ハムスター、カメや昆虫などとの暮らしにも同様の効用があることが認められています。

このような研究が進み領域が広がることで、動物飼育への社会的な関心はますます高まっているのです。

動物に関連する学問のなかでも特に将来性があると思っているのが、このアニマル・アシステッド・セラピー（動物介在療法）の分野です。

私は創始者の時代から欧米各国におけるアニマルアシステッドセラピーの状況を見て、この学問はこれからの社会に必要だと考え、教育にいち早く取り入れてきました。

最初にその概念を知ったのは、創始者とアメリカに視察に出かけた18歳のときに、小児麻痺のお子さんの乗馬セラピーや、刑務所内での動物飼育を知ったことからです。

乗馬セラピーとは、おもに身体機能回復のための補助療法で、欧米では人のリハビリテーションの方法として確立しました。

アメリカの刑務所ではウサギや小鳥を飼い、それらが入るかごを服役囚が作っていたのですが、そのおかげで看守と服役囚の人間関係がうまくいくようになり、暴力が減ったという事例を伺いました。服役囚が脱走するときは、ウサギや鳥を一緒に連れて逃げたそうです。

動物が服役囚の心を癒していることがはっきりと分かります。また日本でもテレビなどで、イルカと一緒に泳ぐセラピーが紹介されているのをご覧になった方もいらっしゃるのではないでしょうか（感染症等の観点から、今はイルカはセラピーに使用しないことになっています）。

しかし、動物には、人を支え助けてくれる能力があることを、私たちは知っています。それを、学問として体系立てて教育を行い、医療や教育機関等で積極的に活用できるようにしようというのがアニマル・アシステッド・セラピー教育のねらいです。

すでにイヌやネコ、ウサギや小鳥、モルモットや熱帯魚など、施設で飼われ、人のそばで心を和ませるのに一役かっている動物たちは多くいます。

しかし、人の福祉に最も適している動物は、やはりイヌではないでしょうか？

たとえば「アラート犬」といって、人の身体から私たちが分からないような微細なにおいを嗅ぎ分けガンを発見したり、てんかんを持つ人が発作を起こす前に出すにおいを嗅ぎ分けて「これから発作が起こりますよ」と知らせたりするように訓練されたイヌもいます。

ただ、末期ガンの患者さんの病室を訪問していたイヌが、患者さんが亡くなった時、悲しげな表情をしていたのを私は見たことがあります。そのような繊細なイヌたちには、

動物介在教育の様子

気分転換をさせながら、楽しみながらお仕事をしてもらうということが重要です。
私は一般社団法人アニマル・リテラシー総研の代表理事を務める山崎恵子先生と長年、アニマル・アシステッド・セラピーの授業をオムニバスで行っています。2007（平成19）年のIAHAIO（ヒトと動物の関係に関する国際組織）の東京大会では、山崎恵子先生と、アニマル・アシステッド・セラピーの第一人者で米国のデルタ協会において長年、動物介在療法の指導をされている、アン・R・ハウイー先生と一緒に英語での講演を行いました。
本学では人の福祉に関わるイヌの「アシス

タンスドッグ論」という授業も特色となっています。「アシスタンスドッグ」とは、補助犬法による盲導犬や介助犬、聴導犬のことです。

身体に障害のある方の生活をサポートし、QOL（Quality Of Life、生活の質）の向上や自立支援に大きく貢献をしています。

イヌたちは、人に必要とされ、褒められることを喜び、指示に従います。人と動物が互いに支え合う、ひとつの「共生」の例といえるでしょう。

2002（平成14）年、「身体障害者補助犬法」が施行されました。

この法律は、厚生労働省が認めた団体によって訓練され、試験に合格したイヌが補助犬となり、身体の不自由な人の自立及び社会参加の促進に寄与することを目的としたものです。

成立する以前は、すでに盲導犬は比較的広く認知されているのに対して、介助犬や聴導犬は一般のペットと同様に扱われ、ホテルやレストラン、公共交通機関などにおいて同伴を断られることが多くありました。

この法律の特徴的なところは、利用者の権利を守るだけではなく、利用者自身や補助犬育成団体に対しても義務を定めたところです。

たとえば補助犬には誰が見ても分かるような表示をつけることや、利用者は補助犬の身体を清潔に保ち、予防接種や検診を受けさせて健康を保つこと、育成団体は利用者が必要とする補助を把握し、それに合った訓練を行うことなどです。

法律が成立してからは特別な理由がない限り、身体障がい者が同伴するアシスタンスドッグを拒否することはできなくなりました。障がい者が積極的に社会参加できるようにと制定されたこの法律で、補助犬の地位が確立したのです。


高校生のときに創始者と出かけた世界一周旅行で、いろいろな国の盲導犬協会を見学しました。ニュージャージー州モリスタウンにはアメリカで最も古い「シーイング・アイ」という盲導犬協会の本部があるのですが、「こういう場所だから盲導犬が育つのだろうな」と感じたくらい閑静な街でした。

その後サンフランシスコに留学した際には、キャンパスに盲導犬を連れた学生が普通に歩いているのを目にしました。

サンラファエルの盲導犬協会には20回以上訪問しました。当時、自分の国ではなかなか見ることができなかった「イヌが人を助け共に生きる様子」を目の当たりにしたことは、その後の私の考え方にも大きな影響を与えます。

アメリカ、イギリス、ドイツ、フランス、オーストラリアとアシスタンスドッグのトレーニングセンターや協会を訪問し、その後1997（平成9）年、私はアメリカのデルタ協会（現在はPet Partners）においてアニマル・アシステッド・セラピーに参加させる動物を審査する資格を取得しました。

補助犬について

盲導犬：目の不自由な方の生活を支えるイヌ。日本で初めて紹介されたのは、1938（昭和13）年で、翌年から国内での育成が開始されました。現在は全国で約900頭の盲導犬が活躍しています。身体に白い胴輪（ハーネス）をつけ、ハーネスを通じて盲導犬の動きが盲導犬ユーザー（使用者）に伝わり、安全に歩くことができます。

介助犬：身体の不自由な方の手足となって、生活を助けるイヌ。落ちたものを拾ったり、指示したものをとってきたりできる訓練を受けています。アメリカでは1970年代から育成されていましたが、日本で介助犬第1号のグレーデル号が誕生したのは1990年代前半です。

聴導犬：耳の不自由な方の生活を支えるイヌ。国際障害者年の1981（昭和56）年に日本で知られるようになり、訓練を開始しました。3年後には2頭のイヌが活躍をはじめています。歩行中に自動車のクラクションを知らせたり、携帯電話が鳴っているのを知らせたりすることができます。

2020（令和2）年現在、新型コロナウイルスの感染拡大防止により多くの人が自粛生活を余儀なくされているなか、補助犬がもっといれば……と考えます。生活を助けてくれるのはもちろん、孤独やストレスも軽減されることでしょう。

このように、人の福祉に役立つような体系立てた学問を、ひとつの学科として立ち上げたいと、私は大学をつくるときからずっと考え、何度もチャレンジしながら少しずつ進めていった経緯があります。

短大では心理学をベースとし、4年制大学開学後は社会福祉学を加え、この分野の教育に力を入れてきました。

新設された「動物人間関係学科」では、さらに充実をはかりたいと思います。

私はかつて飼っていたヨークシャーテリアのジャム君や2匹の兄弟犬、バンビとヴィオラを、大学のアニマル・アシステッド・セラピーの授業に連れて行きました。ジャム君は原書を使ったドッグジャッジングの授業にも協力してくれました。バンビは心細くなり、すぐに帰りたくなって鳴きだしてしまうのですが、ヴィオラはおとなしくて、ハンカチを置いた教卓の上で「あそこが一番いいところかな」と分かったかのように自らそこにおとなしく座ります。

車椅子を押す実習のときも、車椅子に座る学生の膝の上で、飛び降りようともせずにじっと学生の顔を見ていました。

ヴィオラのようにおおらかで、好奇心があって人が好きなイヌ、「かわいいね」と言われたらすぐに自分のことだと思うような性格のイヌは、セラピー犬として向いているといえるかもしれません。

3つの学校、そのちがい

ヤマザキ学園は現在、専門学校、大学、専門職短期大学と3つの学校を有しています。アプローチは違えど社会から求められる高いレベルの動物看護師を養成することにちがいはありません。

動物愛護の精神のもと、国家資格となった「愛玩動物看護師」として、動物たちの代弁者としての使命感と職業観、そして自らが動物との平和で豊かな共生社会を構築していくのだという強い信念を持って学んでいただきたいと思います。

この3つの学校は、養成する人材や目的が異なります。

まず専門学校で育てるのは、動物病院やグルーミングサロンで活躍できる即戦力。在学中は技術を習得するために何度も実習を重ねます。

また動物看護職が国家資格になることを受け、2021（令和3）年より学科名を「愛玩動物看護学科（3年制）」へ変更します。

学校法人として認可される前、1985（昭和60）年から、動物看護師の教育は2年間では入学の年と卒業の年しかないため短いと考えており、当時獣医大学が4年制から6年制の一貫教育になるのに合わせ、本学は3年制の動物看護教育を行い、学生を社会へと送り出しました。この度の国家資格の受験には3年間の教育が必要です。

次に4年制大学というのは、教育・研究を行う場です。

ひとつのテーマを深く掘り下げ、論文にまとめ、その専門的な知識と技術を活かし、社会に貢献する人材を養成します。さらに研究を深めるための教育機関として現在、大学に修士過程を準備しています。

動物看護学部にできる修士課程ですが、学びは多様化しており、これからのグローバル社会においてさらなる広がりを見せるでしょう。

専門職短期大学においては、先にご説明した通りです。産業界と結びつくことで動物看護師の職域が広がります。

今はドラッグストアにもイヌのおやつやサプリメント、食器やペットシーツ、消臭剤、さらには洋服などが並んでいます。

「動物が大好きな自分が、動物のことをしっかりと学んで働いたら、もっと飼い主に分かりやすく説明ができるのではないか」と考える方もいるでしょう。動物が好きだからこそ、数ある商品のなかでより良いものを自分の家族であるペットに与えたいという消費者の心理を理解しているからです。

このように、動物病院で実際のチーム動物医療の一端を担い動物看護を行う以外でも、動物看護の知識や技術を活かす機会は確実に社会で増えていきます。

それでは、この3つの学校のうち、どの教育機関を選ぶべきなのか？　愛玩動物看護師を目指すみなさんは、自分がまず何を学び、何をしたいのか、しっかり見つめればおのずと答えが出てくるだろうと思います。

特に高校生のみなさんに覚えておいて欲しいのは、学びはひとつではなく、自由で良いということです。

一度社会に出てから学ぶこともできますし、違う分野で学んだことを動物の学びへとつなげることもできます。専門学校に入学してから、大学への編入を目指すのも可能です。どんなかたちで社会に貢献できるか、自分の将来を広く考えて欲しいと思います。3校それぞれの学びの特色が、卒業するときに必ず表れます。

ヤマザキ学園では、どの学校を選んでも目指すところは動物愛護の精神のもと「愛玩動物看護師」の国家資格を取得し、動物たちの代弁者として、使命感を持って動物と人が豊かな共生社会を築くために貢献していくことなのです。

アートのある美しい校舎

私は学園を継承し、設備を整えながら麻布大学に社会人入学し修士と博士号を取得し、目が回るほど忙しい日々の中で、新しい校舎を次々と竣工してきました。

でも振り返ると、校舎を建てるということは、本当に楽しい経験でした。

こんな学び舎で学生を学ばせたい、そして私を含め教職員たちはこんな校舎で働きたいだろうと考え、はっきりとしたビジョンを持っていました。私はアート畑の人間なのです。

ちなみにサンフランシスコ州立大学ではクリエイティブアート学部を卒業した学士です。父の時代にも校舎の建設や教室のインテリアなどに携わっていました。

渋谷キャンパスにおいても、南大沢キャンパスにおいても、コンセプトは「陽の光が注ぐ明るい教室であること」。イヌや動物の匂いのしない清潔で隅々まできちんと消毒

南大沢キャンパス3号館にある馬のブロンズ像

され、ごみひとつ落ちていない校舎であること。

動物看護師は衛生面においても学びます。

そして、もちろん、動物のアートに囲まれた校舎であること。

どちらにもこだわりや想い入れのある校舎を建てることができました。

南大沢キャンパスのエントランスには、2トンの大きな馬のブロンズ像があります。

これはまだ校舎の設計が決まるずっと前に私が海外から購入し、「これが入る校舎を建てる」と決めていたものです。

馬のブロンズ像が素敵に見える校舎のデザインをお願いしたというわけです。

また、渋谷にある7階建ての本校舎は当初、床がグレーや黒で計画されていました。普通の校舎なら、それがスタンダードで正解なのかもしれませんが、私はせっかく7階建てなのだから虹の7色を使ってフロアごとに色を変えたいと希望しました。床も、ライトも、教室のドアも教卓もです。夜はライトアップするのでとてもきれいです。作業する方は大変ですよね。もちろん分かっています。費用もかかります（笑）。でも、学生さんや教員、地域の方々が校舎を見あげて「ああ、今日もライトアップしている。きれいだな」と少し気持ちが明るくなったとしたら、それはとても素敵なことではないでしょうか。

本校舎の入り口には鈴木勝之氏作「誕生・復活」というテーマで、キリンのレリーフが飾られています。自然との融合、宇宙との融合をイメージし新しい世界に生まれる「誕生」を表しています。ご覧になった方はお分かりかと思いますが、とても大きいですよね。高さはキリンの実寸、約5メートルもあります。

サバンナクラブのメンバーとしてケニアを訪れたとき、キリンのようにゆっくりとまばたきし、のんびりと話す私を見て、スワヒリ語の「トゥイガ＝キリン」というニックネームが付けられました。以来、各校舎にキリンをモチーフにしたアート作品が集まっています。

また渋谷の専門職短期大学の校舎エントランスでは、エアデールテリア、ゴールデンレトリーバー、スコティッシュテリアのブロンズ像が学生を迎えます。

1階のホールにはイタリアの画家カルロ・マキオリ氏に依頼した野生動物とコンパニオンアニマルが調和する、「ルネサンスZOO」という壁画が飾られています。

鈴木勝之氏作　渋谷キャンパスのキリンレリーフ

こうしたアート作品はすべて、芸術家たちの夢や生き方が託されています。校舎をつくる、学校をつくるということも、それと同じことなのではないかと私は思います。

【美しい校舎・創始者の時代】

※写真は巻頭カラーページをご覧ください

①1967（昭和42）年　神泉

神泉町（東京都渋谷区）の自宅の庭には、イチハツの花が咲き柿や梨の木があり、私が物心ついた時にはパール（シェパード）の大きな犬小屋がありました。パールは、ドイツの有名なジーガー展でグランドチャンピオンになったゲロ フォン シュトリューガーを父親に、カールミューラー氏が繁殖した綺麗なメス犬で、パールの血統書名は、ワーラ フォン ガルゲンワールドだと父は幼い私に教えてくれました。今でもパールのドイツ語の名前を忘れずにはっきり覚えているのを自分でも不思議に思いますが、パールは子供の頃の思い出に欠かせない仲間でした。

その我が家は、シブヤ・スクール・オブ・ドッグ・グルーミングとなり、母の茶室はグルーミングルームに、お風呂場は犬舎室に、２階の私や両親の寝室は地方から来た学生さんの寮になりました。ヤマザキ学園発祥の地です。

② 1970（昭和45）年　道玄坂校舎

神泉校舎から2〜3分、道玄坂上の明秀ビルの2階を教室に借りたことから始まり、1階には事務所、グルーミングサロン、ワンワンレストランがオープンし、3階には学生カフェテリア「フルール」が開店、後に6階まで全てがシブヤカレッジになりました。ヤマザキ学園大学の副学長を務められた関正勝教授が若い頃、「生命倫理」の授業をこの校舎で教えられ、次に青山学院神学科の熊谷政喜先生が引き継がれ、聖ヶ丘協会の牧師で現ヤマザキ動物看護専門職短期大学学長である山北宣久先生へと引き継がれ、現在に至ります。ヤマザキ学園にとって「生命倫理」は創立以来、最も大切な授業です。

③ 1981（昭和56）年　白亜の神泉校舎（新築）

老朽化した神泉校舎は、大きな白いタイルの新校舎に姿を変えました。父に頼まれて、まだ若かった私は設計デザインを任されました。好きなようにして良いといわれ、私はわくわく胸を躍らせ、本当に好きなようにいたしました。グルーミング実習室やベイジングルーム、講義室はもとより、色彩は白と紺とブルーでまとめ。建築家の叔父の協力を得て、校舎内の壁紙は本学のシンボルマークである「あしあと」を紺とブルーでデザインし、学校中あしあとだらけにしました。校舎のための壁紙特注は珍しいことでした。女子校でしたので洗面所は可愛い花柄で埋め尽くしました。当時、既成のものがなかったため、グルーミングテーブルや犬のバスタブ、検査実習用のテーブルも全て調理器具メーカーに特注いたしました。ここから私と校舎建築の関係がはじまったのです。

④1983（昭和58）年　松濤校舎
前面2階建、後面4階建　ヤマザキカレッジ

山手通りに面した松濤校舎は、学生が増えてきたことで現 株式会社リビエラホールディングスの渡辺金男社長からお借りしました。前面2階建ての校舎は、1階がメディカルセンターとグルーミングサロン、道玄坂から引っ越し5倍の広さになった2階の学生カフェテリア「フルール」では専門のパティシエが毎日ケーキを焼いていました。学生さんたちに大人気で恩賜上野動物園の元園長 古賀忠道氏もよくお越しになりました。地下には学生たちのエアロビクス教室もあり賑やかでした。印象に残っているのは、松濤の消防署がはしご車を持ってきて4階からの避難訓練を行ったことです。その写真は、全国の小学校の教科書に載りました。毎年、消防署から感謝状をいただいております。前面2階建ての校舎は、山手通りの拡幅により取り壊されることになり、現在は広くなった道路に車が走っています。

【2代目山﨑薫の時代】

①1994（平成6）年7月 ピンクの富ヶ谷

ピンクの富ヶ谷校舎は、専修学校の申請のために松濤校舎から近い所に100坪ほどの土地を求め建築した3階建ての校舎です。富ヶ谷のランドマークになるようにと、明るく目立つ校舎は評判になりました。この校舎は、4月からの開校を目指し竣工しましたが、前例のない日本動物看護学院は予定していた3月末の認可を得られず（6月27日認可）、専修学校第1期生の入学は翌年の4月となりました。この校舎はその後学校の図書館となり、松濤に校舎をまとめるために手放しました。

② 1996（平成8）年10月　サンタフェピンクの5階建て神泉校舎

築15年たった神泉校舎の隣地を取得し、白いタイルの旧校舎を解体し、サンタフェピンクの5階建て校舎を新築しました。春には隣の公園の桜に校舎が映えました。私の生まれた頃の家の面影はなくなりましたが、この校舎では特に授業に参加するモデル犬たちが逃げないように、過ごしやすいように、いろいろな工夫がなされ、1階に学生たちの広いロッカールームが整備されました。

③ 2000（平成12）年3月　7階建ての本校舎

2000年のミレニアムの年に神泉校舎と松濤校舎のちょうど中間地点に竣工したのが、レインボーをイメージし「本校舎」と呼ばれた7階建ての校舎です。1階から7階まで各階色の異なる美しい校舎です。7階は、パーテーションを開くと広いワンフロアの教室となり、公益社団法人日本動物福祉協会のセミナー等、動物関連団体の方にも活用していただきました。エントランスには、等身大のキリンのレリーフが長い首を伸ばして学園の守護神のように学生たちを見守っています。松濤二丁目の交差点にあるので、通る方たちも見上げていきます。夜間には七色にライトアップした校舎が21時まで浮き上がります。

④ 2001（平成13）年10月　グリーンフィールズ（群馬県富岡市）

ドッグトレーニング研修施設として、卒業生のお父様が運営している温泉施設の広大な敷地内にグリーンフィールズは完成しました。母の名前の緑からグリーンと名付けられた最初の施設です。8人収容できるコテージが5棟と野外のトレーニング施設に加え、看護や検査の実習室、グルーミングルーム、犬の保健室を備えた素敵な建物でした。トレーニングの実習犬たちはラブラドールレトリバーやゴールデンレトリバーを中心に保護犬等を十数頭飼育し、常駐の職員もおりました。学生たちはクラスごとに出掛け、夜はコテージに泊まるグリーンフィールズでの授業を楽しみにしていました。

⑤ 2004（平成16）年9月　南大沢キャンパス1号館

ヤマザキ動物看護短期大学開学のために2年をかけ土地を探し、東京都八王子市南大沢の地に決定いたしました。高等教育として初めての動物看護学のための学び舎です。多摩ニュータウンの一部であるこの地区は、若い家族の増加が著しく、街全体が南プロヴァンスのイメージで整備され、アウトレットモールも新しく美しい街です。この街に似合うようにこの校舎は小鳥にお説教した聖フランチェスコの教会のイメージで設計されました。６階には６００人収容のセントフランシスホールがあり、犬のあしあとが花弁のように輝くステンドグラスがあります。このホールには「聖者の行進」というキリンと象のレリーフ（鈴木勝之氏 作）が学生たちを見下ろしています。「大学コンソーシアム八王子」に参加し近隣25校と交流できるのも教育都市・八王子の特徴です。

⑥ ２００５（平成17）年4月　レインボーホール

天候に左右されないドッグトレーニング施設を都内に持つのが夢でした。天井の高い明るい実習室は、犬たちが滑らない床材を使用する等配慮されました。本校舎の隣地は東京大学の所有地で、公開入札で取得したものです。赤と白とブルーのトリコロールカラーで清潔感のある全天候型トレーニング施設は東京では珍しいものでした。隣接する屋外のドッグランは松濤という土地柄、日本で一番地価の高いドッグランとなりました。

⑦ 2006（平成18）年9月　松濤校舎　本部棟

松濤校舎のメディカルセンターとフルールは、山手通りの拡幅で無残に切り取られ、後ろの4階建て校舎のみが残りました。その後ろにはアラビア石油株式会社の寮がありました。その後、アラビア石油は撤退し隣地は更地となり、マンション計画がありましたが交渉を重ね取得。専門学校の学生さんたちのために、南大沢にある短期大学の校舎に負けない、松濤にふさわしい校舎を建設することになりました。私は壁画のある校舎を建てたいと思い、設計の野生司義光先生を大きな壁画のあるウェスティンホテルにお連れし、その旨を申し上げました。ウェスティンホテルの壁画は、カリストローガ在住のイタリア人作家カルロ・マキオリ氏のものでした。早速、カリフォルニアに飛び、友人のインテリアデザイナーである吉田晴子さんと共に彼のギャラリーを訪問し、「ルネサンス・ズー」というタイトルで壁画を注文しました。今、松濤校舎のエントランスを飾るシリーズの壁画です。学生たちに壁画のある校舎で学ばせたい、私を含め職員たちもそのような環境で仕事をしたいと思い、この校舎を竣工しました。ここの8階には理事長室があり、9階の学生ラウンジからは東京タワーとスカイツリーを望めます。7月には明治神宮の花火も綺麗ですよ。

⑧2010（平成22）年3月　南大沢キャンパス2号館

短期大学開学から数年を経て4年制大学に改組するにあたり、隣地を東京都の公開入札で入手し、2号館の建設にかかりました。2号館はとても楽しい校舎です。1階には、ドッグカフェやラビットルームがあり、2階には動物看護と検査専用の実習室、3階には創始者のクリスチャンネームから命名した300人収容の階段教室 セントヨハネホールを創りました。その壁面にも200号のキリンの絵画が2枚、学生たちを見下ろしています。3・4階には教員の研究室を配置し、5階は全面ガラス張りの学生食堂「スカイラウンジ」としました。春には桜が、秋には紅葉が美しい南大沢の街並みを臨むことができます。

⑨ 2012（平成24）年7月　グリーングラスロッジ

グリーングラスロッジは、ちょうどオーストラリアから来日されていた客員教授のビバリーブロートンさんが命名しました。もちろん山﨑綠理事はご自分の名前の綠が入っていることから、竣工式は大変盛り上がりました。動物看護を学ぶ学生さんたちが動物飼育を学習するためにポニーとヤギの飼育を目標に、馬房がついた宿泊施設とセミナー室を完備した管理棟が完成しました。現在では、宿泊施設をグルーミングルームに改造し、セミナー室は、イヌの「デイケアガーデン」となっています。アニマル・アシステッド・セラピーの実習授業に参加するポニーは八王子乗馬クラブから来ます。開学以来続いている夏休みの子供体験塾でポニーやヤギは人気者です。

⑩ 2016（平成28）年4月　南大沢キャンパス3号館

東京都の公開入札で隣地を取得し、創立50周年記念事業のひとつとして建設が始まりました。3号館が竣工したことにより、1年次生から4年次生までの一貫教育を南大沢キャンパスで行えるようになりました。これにより、サークル活動も盛んになってきました。3号館の特色は、各フロアの「アースとウォーター」というテーマに沿ってフロアカラーが異なっていることです。1階のエントランスには、2トンの元気な馬のブロンズ像と可愛い仔馬のブロンズ像が学生や来校者を迎え、大学事務局及び学部長室、応接室のフロアです。2階は、オレンジカラーをメインカラーに講義室があり、フロアには斎藤康介氏が描いた7枚の絵画が展示されております。また、3階は、グリーンをメインカラーに講義室があり、フロアには鈴木勝之氏が描いた6枚のアフリカの動物たちの絵画が展示されています。更に4階は、ブルーをメインカラーに講義室、演習室、PC教室があり、フロアにはオーストラリアから取り寄せた野生動物たちの大きな写真が6枚展示されております。5階に法人本部事務所を配置しました。

⑪ 2019（平成31）年4月　エバーグリーンライブラリー

ヤマザキ動物看護専門職短期大学開学のため、渋谷キャンパス2号館にレインボーホールに続く図書館を竣工いたしました。96歳を迎えた山﨑繚理事を記念し山北宣久学長がエバーグリーンライブラリーと命名されました。

南大沢キャンパス 動物高度医療救命救急センター

2020（令和2）年4月、ヤマザキ動物看護大学南大沢キャンパス内に動物医療センターが開設されました。

正式名称は「ER 八王子動物高度医療救命救急センター」。ERとはemergency roomの略で救急外来を意味します。救急治療が必要な動物たちや各専門領域において重い病気を抱えた動物たちのための先端動物医療施設です。MRIやCT、内視鏡や血液浄化装置など多くの設備を導入し、動物の生命を救うために24時間、365日稼働します。南大沢キャンパスには以前から、教育施設の一環として動物病院のモデルルーム（実習室）があり、動物の診療許可を得て、保護犬、猫の避妊・去勢手術をリアルタイムで見学できるように教室にモニターを設置しています。受付、処置室、手術室、隔離室、X線室などを備え動物看護師の一連の仕事を学びます。

しかし外科や内科や神経科、腫瘍科など、専門医が揃っているような病院ではありません。学園としては、少しずつ教育科目が増えるに従い本格的な動物病院をスタートさせたいという気持ちがありました。ＥＲ設立のお話が舞い込んできたのは、そんなタイミングでした。ＥＲを運営する民間企業が八王子で場所を探しているというのです。

その企業の方々にお話を聞いてみると、すでに都内３カ所で動物救急センターを展開し、特に重症の動物たちを即日受け入れることを基本に救急医療に24時間貢献されているとのこと。腫瘍科、軟部外科、神経科、整形外科、循環器等の各専門分野において高度動物医療を実施できる体制も整えていらっしゃいました。

ちょうど南大沢キャンパス内の一画に使用していない土地があり、そちらに新たなＥＲをつくりたいという申し出でした。

八王子市には、24時間３６５日対応できる動物病院が少ないということで、小さな動物病院では診療時間が終わったあと夜間に手術をするなど、救急対応にご苦労されていることも知っていました。

ＥＲができることは、地域全体にとっても良いニュースです。動物病院の主治医は、いつも診ている動物たちの緊急時にそのERを紹介することができます。飼い主さんたちの安心も大きいでしょう。なによりも生命(いのち)が救われる動物たちが増える、そのことが最も素晴らしいことです。学園の教育や運営を支援する事業子会社である株式会社ヤマザキ教育サポートが窓口となり、約2年間じっくりと時間をかけて協議をし、南大沢キャンパス構内の土地をお貸しすることに決めました。

契約には、ERを学生や教職員の共同研究の場として活用させていただくことを入れました。最先端の高度な動物医療を身近で学べる機会を得ることができますし、学生たちの就職先にもつながるでしょう。

4年制大学の開学から10周年を迎え、もとからあったティーチングファシリティーを動物病院として稼働させたいと考えていた私たちと、八王子にERを建てたいと考えていた企業、そして身近に救急病院があればと考えられていた地域の動物病院や飼い主の方々。それぞれの思いがERの設立へとつながりました。

まさにグッドタイミング、こんな素敵なことが起こるんですね。

センター長には、麻布大学の名誉教授、信田卓男(しだたくお)先生が就任されました。信田先生

ER 八王子動物高度医療救命救急センター

は、ヤマザキ学園の専門学校3年制の上のグラデュエート・プログラム（専攻研究科）で論文を書くための研究にご指導いただいたこともある、古くからご縁のある先生です。次章では信田先生との対談を掲載していますのでご高覧ください。

竣工したばかりの病院を見学に行きました。広くて、清潔で、おしゃれで、アメリカの病院のような印象を持ちました。飼い主のみなさまが大切な家族である動物を安心して預けられる、良い病院になるだろうと思っています。

薫（かおる）先生

私は、出産予定日の5月15日よりだいぶ早く3月23日に生まれました。１８００グラムの未熟児で生まれたのです。

ガラスケースの下に湯たんぽがある保育器だった時代です。幼い頃は体も弱くて、立教女学院小学校にはみなと同じ6歳では入学できず7歳で入学したり、入学してからも貧血で倒れたりと、父や母にはずいぶんと心配をかけたと思います。

幸い中学校2年生くらいになる頃には体も少しずつ丈夫になり、背もだいぶ伸びましたが、本当に自分の体力に自信がついたのは、父が亡くなって学園を継いでからです。

小学校から短大まで、立教女学院でお世話になりました。短大では幼児教育科に進み、幼稚園に教育実習に行きました。

はじめて「かおる先生」と呼ばれたのはそのときだったでしょうか。

親と離れるのが悲しくてずっと泣いている子、先生にしがみついている子も……。目が離せない子供たちの相手は大変でしたが、とても楽しかった。

幼稚園の先生にはなりませんでしたが、アメリカ留学から帰ってきたとき学園で非常勤講師として教壇に立つことになり、私は再び「かおる先生」となりました。

英語の教科書を用いた原書講読の授業では、ドッグジャッジングを教えていました。現在はイヌの特性の講義を担当しています。アートの世界で生きたいと思っていた私でしたが、当時の事務局長の小澤義昭先生に「創始者の後を継ぎ学校法人化するには学園と結婚したつもりでいなさい」と頼まれました。

私は学園の理事長であり、経営者であることに加え、私個人としてはやはり「教育」にも興味と情熱を持っています。理事長としての職務を行いながら１９９６（平成８）年に麻布大学大学院へ進学しましたが、動物の学問をもっと究めたいと考えたこともその理由の一つでした。

獣医学研究科動物応用科学の修士課程に社会人入学し、２年後に「イヌ品種の行動特性　特に家庭犬への適性に関する研究」をテーマとする論文で修士号を取得。その後、本校舎の設立や短期大学の開学という大仕事に取り組みながら、「秋田イヌの人文および自然科学的解析―日本アキタとアメリカアキタの違いからわかること―」をテーマとする論文で、動物人間関係学分野で博士（学術）を取得しました。

動物と青年を愛し自ら教壇に立った父のように、私も研究者としていずれ教壇に立てるようにならなければ大学院までつくることはできない。

教育者として、経営者として自分が体験する必要がありました。そしてそのような思いが学びつづける原動力になっていたと思います。

今回、新型コロナウイルスの影響で学園はオンライン授業を開始し、学生への「ヤマザキ教育支援制度」を急ピッチで立ち上げたりしていたのですが、そうしているうちに気がついたことがあります。

私は、動物を愛し、動物について学びたいと考える学生たちのことが改めて本当に大好きなんだということ。

父からこの学園を受け継ぎ、大学にしなければということや、動物看護師を国家資格にしなければということなど、次の時代に引き継いでいくための使命感で自分は前に進んでいると考えていました。

でも、根底にあるのは、私は学生が好きなのです。もっというと、動物が好きな人は学生でも、教員でも、職員でも、あらゆる人が好きなのだと思います。

なぜだと思いますか？　そういう人は、他の生命を大事に思える人だからです。そういう人を、私は大事にしたいのです。

ヤマザキ学園は動物が大好きな人を育てるためにある教育機関です。ですから、短い期間でオンライン授業の準備を進めてくださっている先生方、自由には出勤できない状況下でも全力でサポートをしてくれる職員には大変感謝しています。

職員がこんなにもサポートしてくれる理由は、私なりに理解しています。私が『できない』からなのです。

私が完璧になんでもできる人だったら、ここまで熱心なお手伝いはいらないですよね。私は、外で働いた経験はアルバイトすらなかったのですから。

最初の頃は、理事長としてコンプライアンス会議などに出席していても使われている言葉も分からないくらいでした。

どうやって学校法人にしていくかという、いわゆる企業体力の話をしているときに、私は自分の体力について話されていると勘違いして「確かに私は未熟児で生まれ子供の頃は体も弱かったのですが、この頃は体力にも自信がついてきています」ときっぱり発言してしまったくらいです。

一緒に働いた人は、とても迷惑で、ご苦労されたのではないかと今でも思います。父の後を継ぐと決心したとき、母は「みなが優しい顔をして同情してくれるのも最初の1年よ」なんて言って心配していました。

でも、私は今も、分からないことがあるとすぐ職員に聞いてしまいます。

自分で調べてなんでも自分でできて、そういう経営の素養があるような人もいらっしゃると思いますけど、私はそういうタイプではないのですね。

タクシーも一人ではなかなか止められません。でも、色々できなかったことが良かったのかもしれません。こうして学園が良い流れで続いているのですから。

私は、周りの方々に支えていただきながら、夢を追い続けます。小学校の担任の黒川(くろかわ)みさ子(こ)先生が、私のことを「夢見る夢子さん」と呼んでいたことを思い出します。

かおる先生、スティーブ・ハスキンス教授(UCデービス校)と創始者・山﨑良壽先生

これからもみなさんは迷惑かもしれませんが、夢を追い続ける自分を最後まで貫こうかな、と思っています。

みなさんに感謝しながら、かつて流行した女性ボーカルデュオの歌のフレーズ「悪いわね、ありがとね、これからもよろしくね」なんて言いながら。

ヤマザキ プチ同窓会 ―3―
ペット関連産業界編

Theme 1

「薫先生と学園の思い出」

島津 裕美さん（環境省 動物愛護管理室専門員／ヤマザキカレッジ1993卒）

私は卒業後、ヤマザキ学園に就職し、教務やアニマル・メディカル・センター（付属の動物病院）での動物看護師勤務、動物看護実習などの学生指導に携わらせていただきました。当時は、遠方からの通勤は大変だからと薫先生が用意してくださった寮で生活をしていました。学生時代の思い出は多くありますが、米国で活躍する公的資格を取得した動物看護師の存在を知ったこと、研修旅行で訪れた動物と共に働く方々とのさまざまな交流が貴重な体験となり、自身の視野を広げてくれました。現在は、公益社団法人日本動物病院協会（JAHA）から派遣され、環境省動物愛護管理室で専門員として勤務していますが、育児に専念した期間の経験も、日々の仕事に生かされていると感じることがあります。

薫先生：私が父の後を継いでから最初に採用した8人の卒業生のひとりです。1990（平成2）年9月、島津さんが3年生のとき、創始者が海外研修の見送りに来たのが、学生との最後のお別れになりました。

五十嵐 知佐さん（株式会社フォーチュン代表／ヤマザキカレッジグラジュエイトプログラム1995年卒）

私は卒業後、横浜や東京（世田谷区）、北海道の動物病院に動物看護師として勤務し、その後獣医師である夫と千葉に病院を開業しました。病院には、飼い主さんから多岐にわたる相談や質問が寄せられるのですが、学生時代に幅広い分野の授業を受けた経験と知識に助けられました。また、自分がスタッフを採用する側になると、ヤマザキの卒業生は礼儀や責任感、命を大切にする心などを自然と身につけていることを改めて実感しました。学生の頃、山﨑理事長は私のやりたいことや進みたい道についてしっかり話を聞かれたうえで、導いてくださいました。いつも的確なタイミングで背中を押してくれたことをとても感謝をしています。

薫先生：貴方のノートが本当にきれいに書かれていたのをよく覚えています。グラジュエイト（専攻研究科）のとき「腫瘍の動物と飼い主の心のケア」について論文を書きたいというので、現在ER八王子動物高度医療救命救急センター長である麻布大学の信田先生のところに連れて行きましたね、朝7時半に（笑）。朝礼から夕方の就業まで、1年間通って獣医師と動物看護師が一緒に書きあげた初めての論文を、私は今でも大切に持っています。

村上明美さん（家庭動物診療施設 獣徳会／ヤマザキカレッジ1988年卒）

私は今、実家がある愛知県の獣徳会にて、山﨑理事長とも親交の深い原大二郎先生のもとで卒業後30年以上勤務しています。今は総括マネージャーをしています。学生時代に出会った主人は東京在住なので、遠距離離婚です（笑）。私はイヌを飼ったこともなく、高校3年生まで動物看護師という職業の存在も知りませんでした。民間であっても資格がとれるからとヤマザキカレッジに入学したのですが、初めてのことばかりで本当に楽しい3年間でした。卒業後、即戦力として現場で重宝されたのも嬉しかったですし、良壽先生から女性として自立するということも教えていただいたことから、今の私があると思います。理事長は、私の目標のような存在で、学会などでお会いすると今でもちょっと緊張してしまうんですよ。

薫先生：原先生にかわいがっていただけて、産休や育休をとりながら、長く働いていますね。いつ東京に戻ってくるのかな？なんて思っていましたが、戻ってこない（笑）。ご理解のあるご主人と協力して、自分の力をしっかりと活かして自立されていますね。かわいらしかった学生時代を知っているだけに、卒業生の求人に来校された姿は、すっかり社会人の大人の女性になっていました。

武岡 玲奈さん（有限会社ジファード ANIER DogGrooming Room／専門学校日本動物学院2003年卒）

東京（大田区）のグルーミングサロンとペットホテルの店長として勤務、そしてヤマザキ学園の評議員をしています。学生時代に私は、イヌを個として尊重しケアをするということを学びました。ホスピタリティ精神や飼い主に寄り添う姿勢でのアドバイスも、仕事をするうえでとても大切にしています。また、私は卒業後、山﨑理事長の秘書を務めていた時期があるのですが、ちょうど短期大学の申請で大変忙しい日々でした。1日にいくつもの打ち合わせを行いながら、お世話になった方に直筆でお手紙を書く理事長を見て、いつ寝ていらっしゃるのだろう…と思ったものです。そんな理事長が、オーストラリアの研修では山盛りのアイスをぺろりと食べていらっしゃった。そのリラックスされた表情を、私は忘れられません。

薫先生：今も、デザートは真っ先に選びますよ。ハッピーエンディングです。武岡さんとも一緒に何度もごはんを食べましたね。小さな赤ちゃんをお母様に預けて、ヤマザキ学園の評議委員会に出席していた姿や、新しいお店に伺ったときのはつらつとした働きぶりは、秘書のときと変わっていませんでした。

酒井 恵さん
（ER八王子 動物高度医療救命救急センター／ヤマザキ動物看護短期大学2012年卒）

ヤマザキ動物看護短大を出て動物病院に就職しました。今は南大沢キャンパスの敷地内に竣工した動物医療センターに勤務しています。動物看護師歴は9年になりますが、短大時代に実習で学んだことがいかに実践的だったか、病院に勤めて分かりました。先生方・先輩方に技術を褒めていただき、自分でも自信を持ってイヌたちに対応することができました。授業にモデル犬をご提供いただいている飼い主さんに実習中の様子や気を付けていただきたいこと等をお手紙に書いていたことは「ものごとをどうやって伝えたら分かりやすいか」を身につけることにつながり、今に生かせていると感じます。学生時代は、学友会のメンバーとして絆祭などのイベントで理事長と接することができたのも楽しかった思い出

です。

薫先生：ＣＴやＭＲＩなどの設備もしっかりとしていて、24時間体制。ＥＲ八王子動物高度医療救命救急センターはとても良い病院ですよね。地域の飼い主さんたちにもとても信頼されていることでしょう。絆祭の思い出や学生と教職員で作る短歌や俳句を集めた句歌集「絆」は、今でも続いていますよ。

中村紘也さん（ジャペル株式会社／ヤマザキ学園大学２０１９年卒）

もともと動物関連の企業で働きたいと考え、早い時期から就職活動を行っていました。念願叶って、ペットフード・用品の総合卸等を行うペット専門の総合商社に就職し、現在営業担当として動物病院や小売店を毎日訪問しています。社内には大学の先輩もおり、ヤマザキネットワークの心強さを感じています。今年は、後輩が入社したので今まで培った飼い主とペット業界をつなぐ役割の重要性を伝え、自分も一緒に成長したいと思っています。

薫先生：ジャペルの方にお目にかかったとき、中村さんをはじめ、卒業生たちが元気に活躍していると伺い、動物看護分野の広がりを感じました。そういうお話はいつ聞いてもとても嬉しいものですね。

「国家資格化を受け、愛玩動物看護師に期待すること」

島津：これから愛玩動物看護師は、社会的認知度は高まる一方で責任も伴うことになりますが、活躍の場は確実に広がっていくことでしょう。ペットを最期まで看取った飼い主さんが、ふたたび家族としてペット迎え入れたいと思える社会にすること、そのために私達がすべきことは何かを一緒に考えていきたいと思っています。

五十嵐：私が就職した25年前、動物看護師は獣医師の助手でした。今回の立法化でひとつの専門職業として認められたことは大きな意味があることだと思っています。私は今後、訪問看護を視野に入れているのですが、国家資格の取得は飼い主さんにとって大きな安心になります。獣医師にはできないケアも、自信を持ってできるようになるでしょう。私も改めて、国家試験を目指して勉強していきたいと思っています。

村上：動物看護師の国家資格化は長年の夢でした。実現は難しいだろうと思っていたくらいです。チーム動物医療をすすめていくなかで専門職として獣医師と同じように国家資格を持つことで、職業人として対等になれると考えると、今以上に大変なことも増えるかもしれません。でもそれ以上に誇りを持ってしっかりと責務を果たしたいという責任感を感じています。これからも飼い主さんたちに寄り添う気持ちを忘れずに、後輩たちを育てていきたいと思っています。

武岡：私の職場はグルーミングサロンですが、おしゃれにカットする技術だけではなく、高齢犬のケアや投薬の管理など、動物看護師としてペットや飼い主に関わることができる人材の必要性を身にしみて感じています。それはペットホテルなどにおいても同様です。国家資格を得ることで、飼い主の信頼につながり、専門職である愛玩動物看護師が力を発揮する場面はこれからますます増えてくるだろうと思います。

酒井：私の勤める医療センターでは症状の重い患者さんを扱います。治療が優先されるため、入院時のケアに割く時間が取りづらいことがあります。そういうときこそ、私たち動物看護師が中心にケアや管理を出来ればと考えることがあります。国家資格化により、獣医師に指示を仰ぐのではなく、私たちにできる業務が明確になる。このことは、ワンちゃんにとっても飼い主にとっても良いことだと思っています。

中村：社会に出てからヤマザキのすごさを実感しました。それは「動物看護＝ヤマザキ学園」と業界でパイオニアとして認められていることです。また動物看護師が国家資格化されたことにより、学生時代に学んだことは必ず役に立つと確信することができ、この仕事についたことに誇りを持てました。

薫先生：ヤマザキ学園で働く全教職員142人のうち63人が卒業生。本当に卒業生に支えられているのです。ここにいらっしゃるみなさんには、ぜひ、愛玩動物看護師として後進を育ててほしいと思います。いずれ実務家としての経験を生かして招聘講師、ゲストスピーカーとしてもヤマザキの教育にご協力いただきたい。動物看護師か動物看護師を教育するのがヤマザキ流ですもの。これだけの経験を持つ方たちですから。またみなさんたちと同窓会でお目にかかれるのを楽しみにしています。

第4章

イベント＆メッセージ

第8回 ヤマザキ動物愛護シンポジウム

●開催日：2019年12月6日（金）13時～15時
●会場：山野ホール（東京都渋谷区代々木）

開催概要・開会挨拶

「動物愛護と青少年の教育を考える」をテーマに、第8回ヤマザキ動物愛護シンポジウム（主催：学校法人ヤマザキ学園、特別協力：学校法人山野学苑）が、2019（令和元）年12月6日、東京・代々木の山野ホールで開催されました。

「ヤマザキ動物愛護シンポジウム」が初めて開催されたのは2000（平成12）年6月。これは1999（平成11）年に『動物の保護及び管理に関する法律』が『動物の愛護及び管理に関する法律』と名称変更され、「動物が命あることに鑑み」という1文が法律の条文に明文化されたことを記念して開催されたものです。

日本社会において、動物たちが「もの」から「命あるもの」と法律に明文化されはじめて市民権を得たことは、動物を愛する人たち、動物に関わる仕事に携わる人たちにとっては記念すべき年となり、シンポジウム開催につながりました。

そして今回は、２０１９年6月に長年の念願であった動物看護師を国家資格とする「愛玩動物看護師法」が成立したことを記念に、動物看護の歴史における新しい幕開けを祝して、第8回ヤマザキ動物愛護シンポジウムを開催しました。２０１９年はヤマザキ学園創始者・山﨑良壽生誕１００年にあたり、4月には新学校種である専門職短期大学第1号となる「ヤマザキ動物看護専門職短期大学」を開学したことから、シンポジウムは会場をご提供いただいた山野学苑の山野正義総長の「お祝いの言葉」から開会いたしました。

続いて、公明党衆議院議員、超党派の「動物看護師の国家資格化を目指す議員連盟」の幹事長を務められる高木美智代先生がご挨拶に立ち、動物看護師国家資格化推進委員会の委員長として国家資格化に尽力した山﨑薫理事長にエールを送るとともに、人と動物の豊かな共生社会づくりのために、第1回国家試験にむけて力を合わせて前進していこうと抱負を述べられました。

基調講演

動物看護のパイオニアとして ～創始者の教育への想いを語る～　山﨑薫

基調講演では、山﨑薫理事長がヤマザキ学園の歴史をスクリーンに映しながら、創始者の誕生から、家族の歴史を振り返り、父である創始者山﨑良壽の教育への想いと、その想いを受け継いだヤマザキ学園の教育の将来展望について語りました。

ヤマザキ学園は建学の精神に「生命への畏敬」と「職業人としての自立」、教育理念

基調講演にて想いを語る著者

に「生命（いのち）を生きる」を掲げています。理事長は「父の後を継いで30年、この建学の精神に則って教育を続けてきました。学園が続く限り、教職員一同、初心を忘れることなく継続して参ります」と新たな決意を述べました。

本学の建学の精神は、創始者の戦争体験によるものです。早稲田大学商学部の卒業を目前に1941（昭和16）年12月に卒業式が繰り上げされ、第一期学徒出陣として従軍し、1／3の同級生が戦死された中で生き残った創始者は、「生命の教育をしたい」「平和な社会を作る子供達を教育したい」と考えて教育者の道を歩みます。

そして、戦後の日本が復興していくために

は「女性の自立」「女性のための新しい職業」が必要だと考え、１９６７（昭和42）年に正しいイヌの飼い方を普及するため、イヌのケア・グルーミングを教える「シブヤ・スクール・オブ・ドッグ・グルーミング」を設立。

さらに、この新しい職業を世の中に広めるためには資格が重要だと考え、学校設立と同時に「日本動物衛生看護師協会」（現ＮＰＯ法人）を設立、21世紀には資格の時代が到来すると確信し、一期生からライセンスを付与しました。この新しい職業はメディアの注目を浴びて取材が殺到、入学希望者もどんどん増え、ヤマザキ学園は高校生を対象とした3年制の教育を１９８５（昭和60）年開始しました。

現在、専門学校、大学、専門職短期大学を有するまでに発展したヤマザキ学園を率いる理事長は、「父は、女性が職業人として自立して子供を養育すれば、必ず平和な社会へつながると考えていた」と、その想いを語るとともに、「これからは、世界で活躍する高度な専門職を育てることと、関連産業界を担う人材を育てることが私の責務」と、自身の決意を述べました。

パネルディスカッション

愛玩動物看護師法成立の経緯と展望
～期待される動物看護師の未来～

２０１９（令和元）年6月に動物看護師を国家資格とする「愛玩動物看護師法」が成立し、同時に「動物の愛護及び管理に関する法律」が7年ぶりに改定されたことから、座長である山﨑薫理事長が愛玩動物看護師法成立の経緯を説明。

その後、パネリストの独立行政法人国立科学博物館館長の林良博氏、公益社団法人日本獣医師会顧問及び一般財団法人動物看護師統一認定機構機構長の酒井健夫氏、筑波大学特命教授兼学長補佐（元：文部科学省大臣官房文部科学戦略官、在任時に専門職大学をご担当）の岩本健吾氏とともに、動物看護教育の将来展望、動物看護師が現代社会で果たす役割などについて意見を交わしました。

「自宅でのブリーディングの指南役に」(林氏)

林氏は「現在のペットのイヌの頭数900万頭が30年後、40年後には500万頭以下になるという予測があり、その理由は、自宅でイヌを繁殖させるホビー・ブリーダーが激減していることだ」と問題提起をされました。「イヌの供給不足を避けるためにはイヌの数を増やす必要があり、その方法の一つがホームブリーディングだ。その要となれるのが愛玩動物看護師だと思う。イヌのブリーディングは生命を育てる喜びが大きいため、愛玩動物看護師がそのサポートをできるような教育、仕組みづくりを行ってほしい」と述べられました。

「獣医師と連携し、質の高い動物医療を提供」(酒井氏)

酒井氏は「国家資格者である愛玩動物看護師は動物医療チームの一員となることで、

議論を深めるパネルディスカッション

質の高い動物医療を国民に提供できる。ぜひ、獣医師のの指示の下で連携を密にして、動物医療の発展に尽力してほしい。また、愛玩動物看護師法を熟読して、将来像を作ってほしい」と述べられました。さらに、教育機関に対しては「実践教育、コミュニケーション能力を養う教育、五感を研ぎ澄ます教育を行って愛玩動物看護師が社会で活躍できるよう、人材育成をしていただきたい」と要望されました。

「飼い主に必要な知識を普及する役割に期待」（岩本氏）

600名を超える参加者と記念撮影

岩本氏は「ヤマザキ動物看護専門職短期大学」の教育について、「社会の変化、産業形態の変化が激しい時代に求められる教育とは、基礎教育、基盤となる実践教育をしっかりと行うことと、変化する社会状況に対応できる能力を養うことだと思う。愛玩動物看護師にどういう役割が求められているのか、ぜひ研究も進めていただきたい」と述べられました。また、愛玩動物看護師に対しては「飼い主によるイヌの健康管理やしつけが重要になっている時代。管理栄養士が食育を担うように、愛玩動物看護師には、ヒトとコンパニオンアニマルとの豊かな暮らしを実現するために、飼い主に必要な知識の普及のために活躍してほしい」とエールを送られました。

これら3名のパネリストのご意見の後、座長の山﨑理事長が「動物看護師が国家資格として法制化されたので、日本の国民の期待に応えて活躍する愛玩動物看護師を教育する」という決意を語るとともに、「高齢者がイヌやネコと楽しく暮らせるように在宅ケアや訪問看護を充実させ、愛玩動物看護師が動物病院外でも活躍することが重要だと思う。飼い主や動物の立場に立って考え、ヒトと動物の豊かで平和な共生社会の実現に貢献する愛玩動物看護師の教育に、教職員一丸となり、生命（いのち）の教育に邁進して参ります」と締めくくりました。

ヤマザキ動物看護大学 開学10周年記念 特別対談

●媒体：ヤマザキ動物看護大学　２０２１（令和３）年度大学案内
●発行日：２０２０年4月29日（水）

信田卓男
ＥＲ八王子動物高度医療救命救急センター　センター長、博士（獣医学）

山﨑薫
学校法人ヤマザキ学園理事長、ヤマザキ動物看護大学　学長、博士（学術・動物人間関係学）

２０２０年4月、本学のキャンパスに「ＥＲ八王子動物高度医療救命救急センター」が開院します。教育と臨床現場の協働によるこれからの人材育成について、獣医腫瘍科の国内第一人者で同センター長の信田卓男先生と本学理事長・学長が大いに語ります。

パイオニアとしての使命

山﨑：1967年の創立以来、動物看護教育に邁進してきた本学園としては、愛玩動物看護師法の成立は永年の念願が達成された記念すべき出来事でした。ここ1年間は動物看護師国家資格化推進委員会の委員長を拝命して法制化に奔走しました。今後、国が認める愛玩動物看護師の養成は、パイオニアである本学の使命と真摯に受け止めております。

飼い主の心のケアに着目した27年前の獣医師と動物看護師による共同研究論文

山﨑：「ER 八王子動物高度医療救命救急センター」のセンター長に就任された信田先生には、27年前まだ本学園に大学も短大もなかったヤマザキカレッジ付属日本動物看護学院の時代に、『がんになった動物と飼い主の心のケア』について論文を書きたい」という学生のご指導を仰いだことがありました。

信田：私は1991年まで米国コロラド州立大学の腫瘍科にいましたので、帰国して2年後のことですね。日本では人間の医療でもインフォームド・コンセント（注：治療内容について説明を受け十分理解した上での合意）という概念が言われ始めたばかりの時代で、アンケート調査による飼い主心理の分析に取り組んだこの研究は先進的でしたね。

山﨑：日本で初めて獣医師と動物看護師が共同で取り組んだ論文でもありますね。

日本という国に必要な職業

山﨑：獣医師は、畜産や検疫など「人の生活に必要な職業」として早くから国家資格として認められてきました。一方、動物看護師においては、長い間動物は管理する資源であり、「動物（＝産業動物）には看護という概念はない」というのが国の見解でした。2000年に動物を命あるものとして扱う動物の愛護及び管理に関する法律が施行され、ペットはコンパニオンアニマル（伴侶動物）と呼ばれかけがえのない人生のパートナーとなりました。今でこそCTやMRIといった高度医療設備を備えた動物病院が増え、抗がん剤治療や放射線治療といった選択肢がありますが、ひと昔前では考えられませんでしたよね。

信田：そうですね、イヌは番犬で外飼い、ネコはアンカ代わり、といった時代には平均寿命も7~8年だったのが、この何十年で飼育環境は向上し、14歳~15歳と長寿となりました。高齢化によりがんの罹患数は大幅に増えています。人間同様の高度医療を求めるようになった背景には、長年共に暮らした『家族』という飼い主側の意識の変化があると思います。

山﨑：近年、日本では人もペット同様に長寿高齢社会を迎えました。ジェロントロジー（老年学）という分野の研究が進み、ペットとの暮らしは人の健康管理において大いにメリットがあるといわれています。人とペットが共に健康で暮らすには在宅ケアや訪問看護など専門家によるサポートが必要です。動物関連産業界もまた社会のニーズに応える新しいサービスや商品について新たな戦力を求めています。愛玩動物看護師法という法律は、高度化する動物医療に対応する獣医師と動物看護師のチーム動物医療の整備に加え、愛玩動物の適正飼養の普及に貢献することが期待されています。

教育と臨床現場の連携

信田：「ＥＲ八王子動物高度医療救命救急センター」は24時間体制で二次診療を提供する動物病院です。一次診療を行うホームドクターと連携して予約診療による高度医療を提供する他、夜間に容態が急変した場合の救命救急も行います。

山﨑：ＥＲが開院したことで、八王子地域の愛犬家の方々の安心につながりますね。先生は麻布大学附属動物病院で院長として教育にも携わっていらっしゃいましたが、臨床現場で教育を行うことにはどのような利点があるとお考えですか？

信田：臨床現場を見ることで生まれる発想というのがあります。ＥＲにはたくさんの症例が集まり、一刻を争う救命救急となると臨床現場はさらに緊迫した場となるでしょう。そこから何を感じるかが大事で、現場を見て生み出されたアイデアは研究テーマにもなります。

山﨑：病気を診る獣医師、動物を看て飼い主さんに寄り添う動物看護師という点で、27年前の「飼い主さんの心理や動物のケア」に着目した研究論文はとても動物看護師的視点だと思います。獣医師である信田先生のご協力があってできた共同研究とも言えますが、キャンパスにER八王子動物高度医療救命センターが開院したことで、今後は大学と臨床現場との共同研究の機会がより増えて、動物看護師ならではの視点を持った研究が出てくることを期待しています。

信田：また、動物医療現場で働く人材育成に必要なのは「人間形成」ですね。動物の命を守る仕事ですが、飼い主さんとも接します。「慈しみの心」「優しさ」を持った人間形成があってこその「専門教育」修得、それがとても重要だと考えています。

山﨑：本学も「生命倫理」をはじめとする人間教育を重んじてきました。創始者の代から受け継がれる建学の精神「生命（いのち）への畏敬」「職業人としての自立」には、技術だけではない、豊かな人間性と幅広い視野を持つ人間教育への想いがこめられています。

信田：さらに、動物臨床現場では獣医師と動物看護師は異なる仕事を担当しますが、「病気を治す」という同じ目的を持った one team です。専門分化が進む動物医療では今後、獣医師だけではなく動物看護師も専門分野に特化したキャリア形成が必要になるでしょう。大学での専門教育に加え、経験と共に研究を積み重ね知識を得ていく卒後教育が必要だと考えます。

山﨑：学園創立と同時に創設した日本動物衛生看護師協会（２００６年ＮＰＯ法人認証）は資格認定に加え、卒後教育の一環として毎年セミナーを開催してきました。今後は動物臨床現場と教育が連携した愛玩動物看護師向けのセミナーも必要ですね。

信田卓男センター長と

信田：獣医師も愛玩動物看護師も、優秀な人材が育つことで、動物医療はますます発展していけるでしょう。

山﨑：開学10周年という記念すべき年に、ER八王子動物高度医療救命センター開院によって本学は理想的な教育環境を得ることができました。同院からは信田先生に腫瘍についての授業を行っていただきます。ぜひ多くの学生や現職の方たちに愛玩動物看護師の第一号を目指して頑張って欲しいと思います。

寄稿　「ペットは家族」環境整備を

●媒体：日本経済新聞（朝刊）
●掲載日：２０１９年11月４日（月）
●掲載面：経済教室面「私見卓見」（14面）

筆者：日本チェーンドラッグストア協会会長　池野隆光

ペットに対する関心が高まるにつれ、関連産業も大きな変化を遂げている。ドラッグストアも販路となっているペットフード・用品の多様化から、高齢化による訪問看護・在宅ケアまで商品やサービスが次々と誕生している。

矢野経済研究所（東京・中野）の調べによると、国内のペット関連市場は２０１８年度、1兆5千億円規模だったもようだ。

飼い主の都合で飼育を放棄するなど、ペットを単なるモノとみなす動きは後を絶たないものの、家族の一員として扱おうという基本的な考え方がようやく浸透してきた。少子高齢化が進む日本では、ペットの存在価値や社会的役割は一層高まるだろう。飼い主のモラル向上はもちろんだが、ペットを支えるための法や制度を整えることも大切になる。

6月、動物病院で獣医師を補助する動物看護師の国家資格を創設する、愛玩動物看護師法が国会で成立した。獣医師の業務が増えるのに伴い、支援する看護師の質の向上を目指す目的だ。

動物看護師の存在は、人の医療に関わる看護師と異なり、あまり知られてこなかった。動物看護師はこれまで、民間団体による認定資格にとどまっていた。今後、愛玩動物看護師として国家試験に合格すれば、より高度な動物医療に携わることができる。

経済教室
Analysis
安全保障上の審査存在せず

日本経済新聞に掲載された『「ペットは家族」環境整備を』

具体的には、獣医師のみに認められていたマイクロチップの挿入や採血、投薬などが可能になる。犬や猫へのマイクロチップ装着を義務化する改正動物愛護法も6月、国会で成立した。

捨て犬や捨て猫を防ぐ狙いで、愛玩動物看護師の活躍の機会も増えるとみられる。ほかにも、ペットの栄養管理からアニマルセラピー活動、高齢者・障害者への飼育支援まで幅広いニーズが予想される。

インターネットでは、ペットに関する様々な情報があふれかえっている。

愛玩動物看護師ら正しい知識を持ち飼育に

ついて的確なアドバイスのできる専門家を充実させることは、ペットに関わる企業にとっても欠かせなくなる。

ペットを家族と同等の「コンパニオンアニマル（伴侶動物）」とみなし、愛する思いをより浸透させるために、ドラッグストアもかたちある環境整備に協力したい。

from

公益社団法人　日本獣医師会
会長　藏内勇夫

Message

応援
メッセージ

動物看護師及び関係者の皆様には、平素から動物診療施設における業務に精励し、小動物獣医療の向上・発展にご尽力いただいていることに対し、日本獣医師会を代表して感謝申しあげます。

家庭飼育動物が家族の一員として国民生活における位置付けが向上する中で、より高度かつ多様な小動物獣医療を求める国民の期待に応えるためには、獣医師と動物看護師が連携して動物医療にあたるチーム獣医療が不可欠となっています。平成23年に設立された一般財団法人動物看護師統一認定機構による全国統一認定試験が実施され、今や認定動物看護師は2万5千人を超え、我が国の動物医療になくてはならない存在となっています。

このような状況の中で、動物看護関係者の皆様の長年にわたるご尽力により動物看護師の役割について国民の皆様方にご理解をいただき、昨年「愛玩動物看護師法」が成立し、愛玩動物看護師の国家資格化が実現いたしました。新制度の施行により、動物看護師の役割等が法的に明確になりました。獣医師と愛玩動物看護師は、一層連携を強固なものとし、この法律に込められた国民の期待に応えることができるよう、常に努力していかなければなりません。

この度、これまで動物看護教育のパイオニアであるヤマザキ学園の理事長として多数の動物看護師の養成に貢献され、また、今回の法律改正にも尽力いただいた山﨑薫先生が『国家資格「愛玩動物看護師」法制化記念　生命(いのち)を見つめて』を刊行されると伺いました。

本著が多くの方々の目にふれることにより国民の皆様の動物看護師に対する理解が促進されるとともに、本著の読者である希望に満ちた若い方々が獣医療に参入されて今後のチーム獣医療が一層発展し、人と動物が共生する豊かな国民生活の構築に共に貢献できるよう希望するものであります。

from

Message
応援メッセージ

一般財団法人動物看護師統一認定機構
代表理事 機構長　酒井健夫

愛玩動物看護師法が令和元年6月28日に公布されました。これに基づき指定試験機関に関する省令の公布が同年11月29日にあり、わたくしども動物看護師統一認定機構は、令和2年2月27日付で農林水産大臣及び環境大臣から、国家資格である愛玩動物看護師の試験機関に指定され、同年2月28日付官報でその旨が公示されました。

平成23年9月に設立されて以来、全国統一の動物看護師認定試験を実施し、あわせてその資格登録を行ってきた動物看護師統一認定機構にとって、国家試験の指定試験機関になることは長年の願いであり、今回その指定を受けましたことは大変光栄であるとともに、責任の重大さに身の引き締まる思いです。

今後、本機構は農林水産省及び環境省の指導の下、指定試験機関として、予備試験を含めた国家試験が適正に実施できるように、万全な準備体制で取り組んでまいります。

愛玩動物看護師の職場は、地域社会と密着した「かかりつけ動物病院」、それと連携する「二次診療動物病院」や「専門診療動物病院」であり、その職場で獣医師の診療を補助し、獣医療チームの一員として活躍する専門職業人であります。

家庭で飼育されている愛玩動物は、家族の一員、かつ生涯の伴侶である大切な存在であるため、愛玩動物看護師には、高度で最新の、また安全で安心な獣医療の補助が求められ、飼い主や地域社会からの期待は大きいのです。

愛玩動物看護師は、診療補助や入院動物の看護の他、動物と人の共生社会である地域コミュニティでの動物飼育の指導や支援、災害発生時の動物の同行避難や救護、災害派遣獣医療チーム（VMAT）への参加、近年注目されている動物介在活動（AAA）や動物介在療法（AAT）への協力も求められます。

愛玩動物看護師の皆さんは、広範な獣医療補助の知識と技術を確保することは勿論、高い職業意識を持ち、生涯にわたり学習し、活躍されることを期待します。

from

日本獣医生命科学大学 名誉学長
自治医科大学　名誉教授
ヤマザキ動物看護大学 学事顧問
池本卯典

Message

応援
メッセージ

動物が起源といわれるコロナウイルス感染症は、まさにパンデミック。人間の生命のみならず、教育・行政・政治・経済にも大きく影響している昨今です。そんな時代に、愛玩動物看護師は、動物医療を通じて人類社会に貢献する新しい専門職として公認され、国家試験も間近に迫っています。「ケアする町をつくる」、「あたたかく動物の症状を説明する」期待の専門職として育ってください。

皆様が職能を充分に発揮できるように農林水産省・環境省等のサポート、そして動物看護師を養成する専門学校や大学にも市民は大きく期待しています。それに応えるため専門学校や大学は、新しいカリキュラムや教育戦略に挑戦し、国家の期待に応える準備をしています。お互いに手を携え、新分野の開拓に大きく踏み出しましょう。

Message
応援メッセージ

from
学校法人 山野学苑 総長
山野正義

山崎薫理事長とお会いしたのは、ヤマザキ動物看護短期大学設立を構想されていたころでした。父上から受け継いだ業績をさらに発展させるために熱く語る理事長の姿に共感して、短期大学設立に関してアドバイスいたしました。そして今日、動物看護教育に関しては、日本で最大規模を誇る高等教育機関として発展されてきましたこと、さらには「愛玩動物看護師」の国家資格法制化を実現されました。この情熱と努力を心から讃えます。

山野学苑は創立者・山野愛子が美容教育のリーダーとして確立した「髪・顔・装い・精神美・健康美」からなる「美道」を追究しています。美容は、芸術であると同時に、人間の尊厳を守るために不可欠の分野です。私は今、その美容をさらに発展させて、高齢社会にとって不可欠である「美齢学・ジェロントロジー」の構築と教育を推進しております。

人々が「生きるほどに美しく」を実感できる社会を実現するためには、美容と山崎薫理事長が目指す動物看護教育は共通点があります。その共通目標に向かってますます発展されることを願って、本書刊行をお慶び申し上げます。

第5章

関連資料集

ヒストリー

振り返れば、創始者が大学をつくるという志を半ばにして亡くなり、私が後を継いで私塾を学校法人にすることを決めてから今まで歩んできたのは、まさに道無き道でした。

専修学校を設立しようと、学校法人認可の手続きで都庁に出向くと「動物看護は、農業でも医療でもないですよね」などと言われるばかり。申請の8分野の中にそれはありません。「ペットを飼うのは趣味でしょう」と言われたこともありました。

結局、専修学校は「動物看護」を校名に入れることも叶いませんでした。「看護は人にするものであって、動物（=産業動物）にはなじめない」という考えに、常にぶつかることとなりました。3年半かかって認可後、専修学校の運営と並行し大学の設立準備に着手したときも、当時の文部省の担当者はぽかんとした表情を浮かべ「前例がない」「大学になじまない」とまで言われました。動物看護の学問を大学で教えることの理解ができないのです。それが、1999（平成11）年の動物愛護法の改正等があり、時代は流れ「初めての分野なので、まずは、短大で準備してみてはどうか」と打診があり、3年制の動物看護学科の短期大学を開学しました。

日本で初めて高等教育機関に動物看護が学問として認められたのがこのときです。

1期生が卒業を迎える年、より専門的な教育を行うために専攻科を設置。ようやく4年制の総合教育の原型ができあがり、その3年後に大学の開学を果たしました。

役割を全うした短期大学を2012（平成24）年に閉学し、2019（令和元）年、専門職短期大学開学、2021（令和3）年には大学の動物看護学部に従来の「動物看護学科」に加え新たに「動物人間関係学科」を設置します。

そして今現在、大学院修士課程設置へと、ヤマザキ学園の挑戦は続いています。動物看護師の国家資格化という大きな夢はひとつ叶いました。

でも、それが夢のゴールではありません。

ドンキホーテのように私の旅はいつまで続くのか、夢の完結まであとどれくらいあるのでしょうか？　それは、私にも分かりません。

・1990（平成 2）年

創始者山﨑良壽先生逝去。

・1991（平成 3）年

ヤマザキ学園ボランティアクラブ発足。

・1994（平成 6）年

学校法人認可。専修学校日本動物学院認可。山﨑薫理事長就任。サバンナクラブ（東アフリカの会）の活動としてケニアの小学校建設を援助。創始者山﨑良壽記念奨学金制度を創設。

・2000（平成 12）年

第 1 回「朝日動物愛護シンポジウム」開催。

・2002（平成 14）年

「毎日新聞　動物の仕事シンポジウム」開催。

・2004（平成 16）年

ヤマザキ動物看護短期大学（3 年制）開学。
第 2 回「ヤマザキ動物愛護シンポジウム」開催。

・2006（平成 18）年

ヤマザキ学園内に、現・公益社団法人日本動物福祉協会新東京支部が発足。

・2007（平成 19）年

ヤマザキ動物看護短期大学に専攻科（1 年制）を新設。

 ヤマザキ学園の沿革（1966～2007）

・1966（昭和41）年

渋谷駅前ビルにてイヌの衣食住を紹介する「犬のリビング展」を開催。

・1967（昭和42）年

世界初のイヌのスペシャリスト養成機関「シブヤ・スクール・オブ・ドッグ・グルーミング」を開校。日本動物衛生看護師協会を設立（2006年NPO法人化）。

・1971（昭和46）年

世界犬教育協会（I.D.E.A.）を創立。イヌを中心とした社会教育活動を開始する。日本赤十字青年団と協力して「災害救助キャンペーン」を実施。学生を中心に「シブヤカレッジ・レッドクロス団」を結成。第1回海外研修旅行を実施。ペット先進国アメリカへ、学生200名が参加。

・1973（昭和48）年

「ワンワンレストラン」をオープン。イヌの食餌を中心とした飼い方の指導を行う。
横浜市主催「正しい犬の飼い方のつどい」に協力。

・1977（昭和52）年

創立10周年を機に校名を「ヤマザキカレッジ」と改める。

・1983（昭和58）年

ヤマザキカレッジ2年制教育の上に、日本動物看護学院専攻科（1年制）を新設。

・1985（昭和60）年

ヤマザキカレッジ付属日本動物看護学院を全日制3年コースに改組。

・2015（平成 27）年

ヤマザキ学園大学 南大沢キャンパス 3 号館 着工。

・2016（平成 28）年

ヤマザキ学園大学南大沢キャンパス 3 号館 竣工。

・2017（平成 29）年

ヤマザキ学園創立 50 周年。第 7 回「ヤマザキ動物愛護シンポジウム」開催。

・2018（平成 30）年

ヤマザキ学園大学から「ヤマザキ動物看護大学」へ校名変更。

・2019（令和元）年

日本初の専門職短期大学「ヤマザキ動物看護専門職短期大学　動物トータルケア学科（3年制）」が渋谷に開学。

・2020（令和 2）年

ヤマザキ動物看護大学 動物看護学部に新学科「動物人間関係学科」認可。

 ヤマザキ学園の沿革（2008〜2020）

・2008（平成20）年

第3回「ヤマザキ動物愛護シンポジウム」開催。(「ハチ公」写真展を同会場にて実施)。

・2009（平成21）年

第4回「ヤマザキ動物愛護シンポジウム」開催。ヤマザキ学園大学設置認可。

・2010（平成22）年

ヤマザキ学園大学 南大沢2号館竣工。ヤマザキ学園大学開学。開学記念行事として第5回「ヤマザキ動物愛護シンポジウム」開催。

・2011（平成23）年

ドッグ・ウォーキングと公開講座「ヒトがイヌと歩くということ」開催。

・2012（平成24）年

第6回「ヤマザキ動物愛護シンポジウム」開催。

第2回公開講座「ヒトがイヌと歩くということ」開催。ヤマザキ学園は45周年を迎え、動物看護フォーラムと式典を開催。

・2013（平成25）年

ヤマザキ学園大学長に山﨑薫理事長が就任。第3回公開講座「ヒトがイヌと歩くということ」開催。

・2014（平成26）年

ヤマザキ学園大学第一期生が卒業。ヤマザキ学園同窓会発足。

2010(平成22)年	**動物看護職統一試験協議会発足** 1.公益社団法人日本動物病院福祉協会　2.日本動物看護学会 3.一般社団法人日本小動物獣医師会　4.全日本獣医師協同組合 5.**NPO法人日本動物衛生看護師協会**
2011(平成23)年	**動物看護師統一認定機構設立** 1.公益社団法人日本獣医師会　2.公益社団法人日本動物病院福祉協会　3.一般社団法人日本小動物獣医師会　4.公益社団法人日本獣医学会　5.日本動物看護学会　6.一般社団法人 日本動物看護職協会　7.全国動物保健看護系大学協会　8.一般社団法人国動物教育協会　9.**NPO法人日本動物衛生看護師協会**　10.全日本獣医師協同組合
2012(平成24)年	2年間に及ぶ協議の結果、**民間の動物看護師認定主要5団体が全国11か所で統一試験を行い、合格者を動物看護師統一認定機構が 認定動物看護師として認定登録。** 「認定動物看護師」登録者数25,166名(2020(令和2)年7月現在) **「動物の愛護及び管理に関する法律の一部を改正する法律」の附帯決議において動物看護師の将来的な国家資格又は免許制度の創設に向けた検討を行うことが盛り込まれる。**
2013(平成25)年	衆議院予算委員会公明党高木美智代議員による「動物看護師の国家資格化について」質問がなされる
2014(平成26)年	**自由民主党「ペット関連産業・人材育成議員連盟」発足。** 会長　衆議院議員の鈴木俊一氏，事務総長　参議院議員の片山さつき氏。
2017(平成29)年	一般社団法人日本動物看護職協会に「認定動物看護師地位向上推進協議会」設置（4回の開催を以って終了）
2018(平成30)年	一般社団法人日本動物看護職協会に「動物看護師国家資格化推進委会」が設置され山﨑薫が**動物看護師国家資格化推進委員長を拝命** 公明党「動物看護師の公的資格化を検討するプロジェクトチーム」が発足

 国家資格化年表（1967～2018）

1967(昭和42)年　現　NPO法人日本動物衛生看護師協会　設立

1981(昭和56)年　「アニマル・テクニシャン」ライセンス認定登録開始

1984(昭和59)年　「AHT（Animal Health Technician／動物衛生看護師）」ライセンス試験、認定登録開始
ライセンス認定登録登録者数7,181名(2020(令和2)年7月現在)

1987(昭和62)年　日本獣医師会(2012(平成24)年公益社団法人化）にAHT制度検討委員会を設立

1989(平成元)年　AHT養成学校認定システム（骨子案）のとりまとめと同骨子案作成
(日本獣医師会がAHT認定に関与するシステム）に関する地方獣医師会からの意見聴取を行うが、時期尚早との結論が出される

1999(平成11)年　「動物の保護及び管理に関する法律」が「動物の愛護及び管理に関する法律」に名称変更
第一章　総則　第二条において「**動物が命あるものであることにかんがみ**」の文言が明文化。

2000(平成12)年　第１回　動物愛護シンポジウム開催

2003(平成15)年　日本獣医師会小動物委員会において「動物医療における動物看護師の在り方について」の検討を進め、獣医療における動物看護師の環境整備問題の検討促進等について関係官庁等への要請活動実施

2005(平成17)年　農林水産省「小動物獣医療に関する検討会」において「獣医療補助者について」検討・取りまとめ実施

2006(平成18)年　公益社団法人日本獣医師会「動物診療補助専門職検討委員会」設置

2009(平成21)年　山﨑薫が環境省 中央環境審議会 動物愛護部会 **臨時委員を拝命**
(2017年(平成29年)2月まで)
一般社団法人日本動物看護職協会が設立（日本獣医師会は、関係者の調整役として設立を支援）

国家資格化年表（2019〜2020）

2019(平成31)年 2月20日(水)	**超党派による「愛がん動物を対象とした動物看護師の国家資格化を目指す議員連盟」発足** 第一回　設立総会開催。 会長　衆議院議員の鈴木俊一氏（自民）,幹事長　衆議院議員の高木美智代氏（公明）、事務局長に衆議院議員の鬼木誠氏（自民）が選任された後、一般社団法人日本動物看護職協会より横田淳子会長、**動物看護師国家資格化推進委員会 山﨑薫委員長**、下薗惠子副委員長が、動物看護師の国家資格創設に関する要請を行った。
2019(平成31)年 3月26日(火)	第二回総会
2019(平成31)年 4月26日(金)	第三回総会「愛玩動物看護師」の国家資格に向けた新法案を国会中に提出し成立を目指すことを確認
2019(令和元)年 6月13日(木)	衆議院本会議　通過
2019(令和元)年 6月21日(金)	参議院本会議　通過 「愛玩動物看護師法」成立
2020（令和2）年 2月27日（木）	一般財団法人動物看護師統一認定機構が農林水産大臣及び環境大臣より愛玩動物看護師法に基づく指定試験機関に指定される
2020（令和2）年 8月7日（金）	一般財団法人動物看護師統一認定機構において第一回愛玩動物看護師試験運営委員会が発足。山﨑薫が委員長を拝命。

NPO法人日本動物衛生看護師協会　資格認定者数（2020年7月現在）

AHT：	7,181人	CDT：	6,000人
VT：	749人	CGS：	996人
DGS：	10,116人	CRT：	194人

一般財団法人動物看護師統一認定機構の動物看護師統一認定試験　受験可能校

専修学校：　68校
大学：　8校　（2020年6月現在）

エピローグ

国家資格「愛玩動物看護師」の誕生。

これは、現役の動物看護師や将来動物看護師をめざす方々、その教育者、関連団体、また動物看護師を採用する動物病院やペットの飼い主、動物看護に関わる方はもちろん、動物とともに生きるすべての人が待ち望んでいたことだと私は考えています。

そのような人達に法制化までの道のりの記録を届けたいと思い、本書にまとめました。本文で述べたことはすべて、「愛玩動物看護師法」が成立するまでの過程、その最前線に立った人たちの言葉です。

動物看護のパイオニアとして道を切り拓き続けてきたヤマザキ学園にとって、今回の法制化は創立当初からの夢。ひときわ大きな挑戦といえるものでした。

当然のことですが、国家資格を取得した翌日から何かが大きく変わるわけではありません。変えていくのは、ほかでもない、愛玩動物看護師達です。

その能力を存分に活かし、動物たちの代弁者として広く社会で認められ、専門職として活躍していくことを願います。その活躍は必ず、この国のペット関連産業の発展にもつながっていくことでしょう。教育機関である私たちも手をとりあってともに成長し、サポートをして参ります。


本書を制作している間にも、新型コロナウイルス感染症（COVID-19）は収束するどころか、ますます拡大しているように思われます。

これは、人間が環境破壊を繰り返したことによる警告なのだろうかと考えてみたり、学生や教職員に体調の悪い者はいないだろうかと心配をしたり……。

心はいつも穏やかにならず、明日のことを祈らずにはいられない戦々恐々とした日々を今も過ごしています。それでも私は、そこに希望があることを信じています。ちょうど、パンドラの箱の底に希望が残っていたように。創始者である父は、第二次世界大戦を体験したことでヒトとイヌがともに暮らせる平和な世界を強く願い、日本の高度成長期に生命の教育を基盤に、イヌやネコのケアや看護を学ぶ教育機関を立ち上げました。同じように私も、今回のコロナ騒動のなかに、もう一度生命の教育を見直し、動物看護教育が進化していく萌芽があるように思います。

看て、触れる教育にオンライン授業を取り入れていくこと。実習をオンラインにどのように活かしていくのか、教育のグローバル化は、オンライン授業の普及で広がるでしょう。

また本文の誌上同窓会では、遠くに住んでいる懐かしい卒業生たちと画面を通して新しい「人とのつながり」の一側面を体験しました。けれども、その便利で効率の良いだけの世界は人を幸せにするのでしょうか？　豊かで平和な社会を築けるのでしょうか？

私が愛玩動物看護師になる方々に最も心に留めていただきたいと思っていることは「人間の感覚、すべてを使って動物たちと接してほしい」ということです。

たとえば仔犬の温かい足先を握って「眠いのかな」と感じたり、においをかいだり、目でなにを訴えているのかを察したり、鳴き声にいつもと違うところがないか気がついたり。そういう感性は、これからもヤマザキ学園でも面接（対面）での実習授業を通し、しっかりと伝えていくつもりです。

ちなみに「ピンとくる」というような第六感、シックスセンスも大切です。人間も動物ですから。動物と共に一緒に生きていると、動物たちが教えてくれることがたくさんあるのです。

最後になりましたが、法制化にあたりご指導・ご尽力いただいた公益社団法人日本獣医師会をはじめとする関係団体・省庁のみなさま、与野党を超えた議員の先生方、ペット関連産業界の方々、教育機関の方々、報道関係者の方々、それぞれの立場で身を捧げて支援してくださったすべての方に、改めて心から感謝を申し上げます。

また、法制化までの記録を残すようにと本書の上梓をご指南くださった、酒井健夫先生との約束を果たすことができました。先生のご助言がなければ、この本は生まれませんでした。ありがとうございます。

また、厳しい環境下、本書の出版にご尽力いただいた毎日新聞出版社及び関係者のみなさまに御礼申し上げます。

みなさまの情熱と献身により、ヒトと動物が豊かに共生する平和な世界をつくる動物看護の道がここからまた新しい旅立ちを迎えたことを、本当に嬉しく、誇らしく思っております。

2020年8月吉日　学校法人ヤマザキ学園　理事長　山﨑薫

〈著者紹介〉

山﨑 薫（やまざき・かおる）

学校法人ヤマザキ学園 理事長・ヤマザキ動物看護大学 学長・ヤマザキ動物専門職短期大学 学事顧問・ヤマザキ動物専門学校 学事顧問・NPO法人 日本動物衛生看護師協会 会長。一般社団法人日本動物看護職協会 動物看護師国家資格化推進委員会 委員長・The California Registered Veterinary Technician Association 名誉会長。

サンフランシスコ州立大学芸術学部卒業。麻布大学大学院獣医研究科修了。動物人間関係学博士（学術）。

1990年創始者から継承。ヤマザキカレッジ日本動物看護学院学院長現NPO法人日本動物衛生看護師協会会長。1994年学校法人ヤマザキ学園理事長就任。2008年にヤマザキ動物看護短期大学学長。2010年にヤマザキ学園大学を開学し、2013年に学長就任。2016年に環境省の動物愛護管理功労者大臣表彰を受ける。2019年4月、55年ぶりの新学校種となる専門職短期大学第1号「ヤマザキ動物看護専門職短期大学」を開学。

国家資格「愛玩動物看護師」法制化記念
生命を見つめて

印 刷 2020年8月20日
発 行 2020年8月30日

著 者 山﨑 薫

発行人 小島明日奈
発行所 毎日新聞出版
〒102-0074
東京都千代田区九段南1-6-17 千代田会館5階
営業本部：03（6265）6941
図書第二編集部：03（6265）6746

印刷・製本 中央精版印刷

ISBN978-4-620-32643-6